韧性思维

江梅 编著

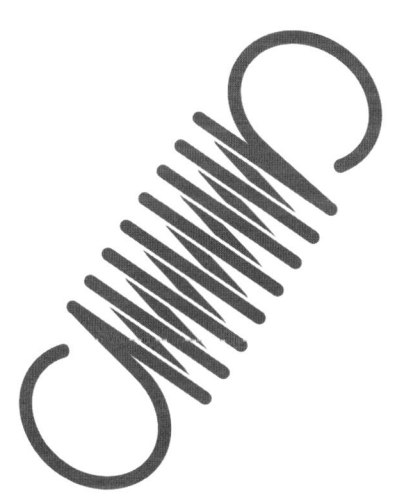

中国纺织出版社有限公司

内 容 提 要

现代社会中，每个人都承受着巨大的生存压力，也面临着各种各样的生存困境。面对纷繁复杂的世界，我们必须与时俱进，培养韧性思维，才能以不变应万变，笃定内心做好自己。

不管是学习知识，还是掌握技能，都离不开韧性思维的加持。具有韧性思维的人，面对风云变幻的外部世界，将会更加勇敢坚定。本书从各个方面对韧性思维进行了阐述，也结合很多经典的事例进行了分析，教会读者朋友们如何真正做到坚韧不拔，越是在困境中越是表现出决绝的勇气。

图书在版编目（CIP）数据

韧性思维 / 江梅编著.---北京：中国纺织出版社有限公司，2024.6
 ISBN 978-7-5229-1645-3

Ⅰ.①韧… Ⅱ.①江… Ⅲ.①思维方法—通俗读物 Ⅳ.①B804-49

中国国家版本馆CIP数据核字（2024）第070071号

责任编辑：李 杨　　责任校对：高 涵　　责任印制：储志伟

中国纺织出版社有限公司出版发行
地址：北京市朝阳区百子湾东里A407号楼　邮政编码：100124
销售电话：010—67004422　传真：010—87155801
http://www.c-textilep.com
中国纺织出版社天猫旗舰店
官方微博 http://weibo.com/2119887771
北京印匠彩色印刷有限公司印刷　各地新华书店经销
2024年6月第1版第1次印刷
开本：880×1230　1/32　印张：6
字数：88千字　定价：49.80元

凡购本书，如有缺页、倒页、脱页，由本社图书营销中心调换

前言

生活在这个世界上,每个人都有烦恼,也有不如意的事情。这些烦恼的来源也许是可以彻底解决的,也许是我们凭着自身的力量无法解决的。那么,该采取怎样的心态去应对不如意的世界呢?这是每个人都需要思考的问题。

在紧张忙碌的早晨,当遇到堵车的时候,你是选择狂摁喇叭,还是耐心等待?在工作上遇到坎坷的时候,你是选择使用另一种方法尝试解决问题,还是选择彻底放弃,让问题就这样搁置下去呢?在孩子的学习成绩不符合你的预期时,你是选择一味地抱怨和指责孩子,还是与孩子一起分析状况找出问题、解决问题呢?对于人生旅程中随时有可能出现的各种状况,你选择以怎样的态度面对,就会得到怎样的结果。毫无疑问,真正的失败者是那些被困难吓倒的人。还没有开始尝试,他们就选择了彻底放弃。还有另一种失败者,他们怀着希望和憧憬,拼尽全力做到最好,哪怕最终失败了,也能够从中汲取教训,积累经验,为下一次成功奠定基础。这样的失败者不是失败者,他们只是还没有成功而已。

人生中有各种问题,既有很容易解决的问题,也有一些无解的问题，我们应该学会换一个角度去看。正如诗中所说："横看成岭侧成峰，远近高低各不同；不识庐山真面目，只缘身在此山中。"看山要学会换个角度，看问题更是要学会换个角度。换个角度，就能转换思路，原本看似无解的问题很有可能就会豁然开朗，不再成为我们思考路上的绊脚石。

对于人生中遇到的人和事，我们要学会选择自己的情绪和态度。很多人的情绪反应机制是条件反射式的，他们不会有意识地控制情绪，也就没有时间选择相应的情绪。他们无法掌控情绪，反而成了情绪的奴隶，总是被情绪驱使着做出很多冲动的举动。越是如此，他们面对情绪就越是被动，如此一来就进入了恶性循环，情绪越是失控，事态的发展就越是糟糕。即使面对很小的事情，我们也要学习选择情绪。否则，我们就会因为这些事情引发的情绪反应而成为受害者，还有可能在一时冲动之下做出让自己后悔莫及的事情。

学会选择情绪，意味着我们需要养成良好的思维习惯，从积极的方面看待和分析问题，这么做将能帮助我们摆脱那些沉重的负面情绪。看到问题好的一面，心情自然会变得轻松。需要注意的是，那些受到本能驱使的习惯在我们的心中根深蒂固，彻底铲除它们可不是一件容易的事情。但是，这件事情是可以实现的。当我们坚持培养习惯，渐渐地就会真的发生改变。

韧性思维不是一种技能，无法只靠着反复练习达到熟练的程度。韧性思维关系到我们思考问题的方式，关系到我们为人处世的原则。人是世界上最复杂的动物，人心是世界上最难测的事物。每个人都需要耗尽一生才能了解自己的无数种思考方式和思维习惯，也必须用一生的时间才能培养出良好的思考方式和思维习惯。由此可见，形成韧性思维是一件任重而道远的事情，我们必须对其充分重视，才能将其排在重要事务的最前面。

在刚刚开始进行韧性思维培养时，千万不要心急。俗话说，心急吃不了热豆腐，现实告诉我们，思维习惯的养成需要漫长的时间。如果觉得眉毛胡子一把抓效果堪忧，那么不妨从改变某种思维习惯开始做起。例如，改变悲观的思维方式，变得积极乐观。即使只在这一点上取得进展，给我们带来的改变也必将是巨大的，令人惊喜的。

韧性思维就像是迷雾中的光，指引着我们前进的方向；韧性思维就像是寒冬中的温暖，让我们由内而外焕发出生命的活力；韧性思维就像是人生的支柱，支撑着我们在任何情况下都保持乐观向上；韧性思维也像是无形的大手，帮助我们掌控命运……

人生的旅程不是长满鲜花的，不但有荆棘，还有坎坷和泥泞。每个人都需要得到韧性思维的指引,才能穿过人生的迷雾,刺破人生的黑暗,创造人生的奇迹。

编著者

2023年12月

目录

第一章 乐观主义者往往活得顺遂 ▶▶001

积极乐观，不畏艰难　　003
乐观是什么　　010
发掘消极情绪的积极作用　　016
积极地应对工作　　021
恐惧，是最值得恐惧的　　027
乐观，是青春永驻的秘诀　　035

第二章 拥有坚定的信念，以信心点亮人生 ▶▶041

信念，是人生的基石　　043
充满自信地应对人生　　048
自信，让职场生涯开挂　　053
适度预期未来　　060
如何变得更加自信　　065

第三章 | 得道多助、失道寡助，建立良好的人际关系 ▶▶ 071

人生应该更加广阔	073
以决绝的勇气实现目标	078
走出困境	082
什么才是真正的拓展人生	087
建立良好的人际关系	094
结识生命中的贵人	099

第四章 | 坚持个人高效管理，充实度过每一天 ▶▶ 105

每个人都要给自己"充电"	107
学会管理自己的精力	112
健康的身体是革命的本钱	117
精力充沛地度过每一天	124
每天进步一点点	129

第五章 | 拥有选择的自由，是人生的至高追求 ▶▶ 135

机会只属于有所准备的人	137

时刻保持警惕	142
学会做出选择	146
唯有奋斗，才能应对危机	150
舍弃与得到的转换	156

第六章 拥有使命感，让人生充满意义 ▶▶ 161

使命感很重要	163
工作的内驱力来源	168
对职业形成使命感	172
深入钻研才能精通	176

参考文献 **180**

第一章

乐观主义者
往往活得顺遂

俗话说,人生不如意十之八九。对绝大多数人而言,人生的道路都不是一帆风顺的,而是充满了坎坷挫折。有些人因为突如其来的打击意志消沉,有些人却始终坚强乐观地面对一切,这就注定了他们的命运是不同的。唯有乐观主义者,才能想得开,才能活得顺遂。

积极乐观，不畏艰难

常言道，三百六十行，行行出状元。虽然从事不同行业的人都有可能成为行业内的翘楚，也都有可能做出成就，创造属于自己的成功，然而，不同的行业还是给人带来了不同的挑战。有些行业从业难度较低，不需要与人打交道，只需要做好自己的分内工作即可；有些行业从业难度较高，或者需要很高水平的专业技能，或者经常需要与人打交道。毫无疑问，在各行各业中，销售行业的从业难度是较大的，这是因为销售行业的主要工作对象是人，又因为销售工作是以业绩作为标准进行衡量的，所以绝大多数销售人员都面临着月月清零的工作环境。

在销售行业中，可以以业绩作为标准衡量基层员工的工作，但是对绝大部分管理者而言，他们工作的领域是特别模糊的，也就很难以业绩作为标准衡量他们的工作表现。例如，很多管理人员都需要完成工作报告，工作报告的长度不

韧性思维

一，有些工作报告只需要两三页，有些工作报告则长达几十页。无论工作报告是长还是短，管理人员都需要搜集相关的事实，需要研究相关的观点。不仅销售行业的管理者如此，其他行业的管理者也是如此。即将到截止日期的时候，很多管理人员都为无法按时完成工作报告而抓狂。这使得我们很难比较不同管理者的工作表现。如果一定要比较，那么就要做好比较苹果和橘子有什么不同的准备。所以，要评价管理者的工作表现，应根据管理者独特的个人表现和他们所从事的特殊领域制定标准。此外，项目不同，带给每个人的挑战也是不同的；人脉资源不同，每个人即使从事相同的工作所拥有的助力也是不同的；面对的客户不同，同一份工作的难度也变得截然不同，因为客户是否容易沟通、是对接业内人士还是业外人士，决定了工作的进展难度程度不同。总而言之，除了在以业绩作为金标准的销售行业，其他行业在对管理层面的人员进行考核时，一定要因人制宜，也一定要因时、因地制宜。

那么，在各行各业中，积极乐观的心态将会起到怎样的作用呢？在人人都承受着巨大压力的销售领域，如果销售人员性格积极乐观，那么哪怕面对坎坷困境，他们也依然能够全力以赴地再次尝试，坚持到底，绝不放弃。反之，那些性格悲观内向，很容易陷入负面情绪中无法自拔的人，则不适合从事销售工作。这是因为销售工作总是给人带来挫败感，使人受到打击，感到失望。只有能够承受心理压力，始终坚持不懈勇敢尝试的人，才能战胜消极情绪，以顽强不屈的乐观精神守得云开见月明。

在其他领域，乐观开朗的性格更是不可缺少的。尤其是对团队而言，当管理者积极乐观，那么就能够为团队提供精神方面的支持，使成员加大力度参与团队工作。在管理者的号召之下，所有的团队成员都会拼尽全力投入团队项目中，这一点是毋庸置疑的。因为对未来怀着希望和憧憬，管理者还会带领所有团队成员畅想未来，描绘未来，这使得大家的心中都有了一幅关于未来的美好画面，这将会激励着大家齐心协力，为了实现成功的目标而拼搏努力。

由此可见，只有那些乐观的管理者才能够打造敬业乐观的团队。曾经有人针对各行各业的团队进行了深入调查和研究，结果发现比起升职加薪，至少有一半的员工更喜欢迎接新上司的到来。这是因为大多数员工对于老上司都感到不满意，因而想让新上司给团队注入新鲜的血液，带来蓬勃向上的活力。

　　管理者必须拥有坚定的信念，这样才能最大限度地影响团队成员的态度和行为，在很大程度上决定整个团队的精神面貌。大多数人都知道父母是孩子的第一任老师，而很少有人知道孩子是父母的镜子。作为父母，当发现孩子的表现不尽如人意的时候，就要反思自己是否给孩子树立了榜样，从而及时调整自己的行为举止。同样的道理，作为团队的管理者，一旦发现团队成员的表现不符合自己的预期，或者有些不符合常态，那么也要积极地反思自身的行为，从而才能给团队成员树立良好的榜样，对团队成员起到激励的作用。在整个团队的精神风貌萎靡不振时，管理者首先要振奋精神，这样才能用积极的情绪感染每个团队成员，也成功地打造整个团队昂扬的精神风貌。每一个优秀的团队都有着精气神，而管理者正是团队精气神的缔造者。

　　乐观者未必受到所有人的尊敬，但是他们更容易得到财富的青睐。从本质上来说，投资就是乐观与悲观的博弈。很多人都有过炒股的经历，那么就会发现，在股市震荡严重的情况下，只有能够把握住自身投资节奏，也能稳定心态的人，才不至于惊慌失措抛掉所有的股票。有些乐观者具有很强的自信心，还会借助于股市低迷的时期补仓。最终，事实证明乐观者获得了成功，赚取了利润。反之，那些看空者则因为悲观绝望而选择早早地放弃，在他们的眼中只有风险，忧虑就像是一堵厚厚的墙壁阻挡了他们的目光，使他们无法看见远处的阳光明媚。

无疑，保持乐观是很难的。人的本性就是趋利避害，大多人一旦意识到危机和风险，就会避之不及。他们很害怕承受损失，尤其不愿意让自己辛辛苦苦赚来的钱都打了水漂。和那些微不足道的收益相比，损失金钱带来的痛苦是更为强烈且突出的。需要尤为关注的是，对投资者而言，损失厌恶是不折不扣的偏见，必须彻底清除这种偏见，我们才能在投资的过程中如鱼得水，大胆地进行尝试。

在保险行业，至少百分之五十的新员工会在一年之内离职，而至少百分之八十的员工会在五年内离职。如果说销售行业压力很大，那么保险业则是销售行业中难度最大的。这是因为保险业销售的是看不见摸不着的未来收益或者是风险收益，而不像其他产品那样是有形的、能够看见的。换而言之，保险就是一种保障承诺，是在未来才有可能兑现

○ 韧性思维

的。正是因为保险的特性，所以很少有人愿意为了这样的承诺而付出价值不菲的保险金。为了降低人员流失率，有些保险公司在招聘的时候转变了观点。此前，很多保险公司都想招聘综合能力强的新员工，这样培训起来会更加容易。现在，很多保险公司更愿意找到那些积极乐观且有意愿挑战保险行业的人。这样的人意志坚定、乐观向上，更容易在残酷的销售工作中取得成功。

那么，乐观主义者为何会具有这些方面的优势呢？一则，因为他们有自信，相信自己一定能够成功，因而更容易产生自我效能感。这使得他们身心健康，而且会想方设法地成为命运的主宰，为了自己想要的结果而坚持努力。二则，乐观主义者更受人欢迎，不管是家人还是朋友，不管是同事还是客户，人人都喜欢与积极乐观的人打交道，这样就会受到乐观者的热情感染，使自己也变得努力向上。三则，乐观主义者具有人性思维，哪怕是被拒绝，他们也会以极强的复原能力尽快地渡过难关，重振信心。同样是面对拒绝，乐观主义者将其视为考验，而悲观主义者则将其视为灾难。

总之，乐观主义者总是以充满希望的眼光和充满热情的心灵面对整个世界,所以,不管他们面对怎样的情况都能全力以赴,坚持到底。这样的韧性正是成功的必备条件。

◉ 韧性思维

乐观是什么

对于乐观，不同的人有不同的理解，可谓仁者见仁，智者见智。在人际交往的过程中，我们很容易就能看出他人是悲观主义者还是乐观主义者，这是因为这两种不同类型的人表现悬殊。如果说悲观主义者是生活在乌云下的，那么乐观主义者则是生活在阳光下的。前者使人感到阴沉压抑，后者使人感到内心充满希望，充满力量，对未来满怀信心。

在真正定义乐观之前，我们要解答关于乐观的三个问题。首先，乐观是内在的品质还是外在的表现呢？乐观是源自心底的阳光，是发自生命的力量。如果没有乐观的内心，一个人就很难表现出乐观的行为举止。其次，乐观的人必须始终非常快乐吗？当然不是。生命的旅程总有些不期而遇的惊喜，也有些突如其来的惊吓，所以在承受挫折和打击的时候，乐观者也会情绪低沉，内心失落，但是他们很快就会调整好情绪，继续积极地面对。有的时候，乐观者也会感受到孤独，觉得自己不被理解，暂时受到负面情绪的困扰，这是人之常情。最后，乐观者总是与好运气相伴吗？当然不是。命运总是公平的，给一个人打开一扇门，就会给他关闭一扇窗。真正的乐观者并不奢求每时每刻都很走运，但是哪怕遭遇命运的坎坷和磨难，他们也能继续坚定不移地做自己，坚持做好自己该做的事情，这样就能以自身的力量与命运抗衡，从而扭转命运。

小静大专毕业后一直没有找到心仪的工作，无奈之下，只好去了一家小宾馆当前台。每天，她都强烈抵触上班，只是为了养活自己而不得不愁眉苦脸地坐在前台位置罢了。有客人来询问时，她总是极其不耐烦地回答客人的问题。对于那些办理完入住手续的客人，她只是根据宾馆的规定冷漠地说一句"祝您入住愉快"。老板早就发现小静对待工作心不在焉，因此早就想重新找一个前台服务人员了。只是因为一直没有合适的人选，才勉强留着小静。

这天，宾馆前台来了一对老夫妻。这对老夫妻衣着朴素，谈吐举止都很有礼貌，但是，小静依然很不耐烦地接待他们。老夫妻问了很多细节问题，例如卫生间的卫生情况、

> 韧性思维

床单的换洗情况等。小静被问得厌烦了，索性不再有问必答，而是假装没听见老夫妻的提问。这个时候，负责客房服务的小玲正巧来到了大厅里，她当即耐心细致地回答了老夫妻的问题，为了打消老夫妻的疑惑，小玲还安抚老夫妻："老人家，你们就放心吧。我们宾馆虽然规模不大，但是主要是做回头客生意的，所以很多客人每到盛夏来海边玩就会光顾我们家。此外，我们还为顾客提供了一间共用的大厨房，锅碗瓢盆和简单的调料一应俱全，方便顾客们去市场购买海鲜回来加工。"小玲的一番话让原本犹豫不决的老夫妻当即下决心办理了入住。对于小玲的认真负责，小静只是嗤之以鼻。在为老夫妻登记完之后，小静索性对小玲说："小玲，你顺便把客人带去房间吧，省得我再跑一趟了。"

周末之后，小静上班的时候没有看到小玲，纳闷地问起同事张军。张军羡慕地解释道："哎呀，你都不知道小玲遇到了一件天大的好事。那天，她从大厅带一对老夫妻去客房，为老夫妻提供了很好的服务。所有人都没想到，这对老夫妻居然是一家大企业的创始人，当即就推荐小玲去了他们企业的人事部工作。小玲学历不高，如果不是这样的机缘巧合，根本不可能从山鸡变成凤凰！"听完同事的话，小静陷

第一章 乐观主义者往往活得顺遂

入了沉思，她简直把肠子都悔青了。

在这个事例中，我们可以验证积极乐观是每个人心底里的能量。小静天生悲观，所以哪怕她的工作比小玲更好，她也整天愁眉不展。小玲呢，天生积极乐观，虽然从事着客房服务的工作，每天都在打扫卫生，但是她从未心怀抱怨，更没有悲观绝望。任何外界的力量都不能把乐观强加于我们，我们只有发自内心地乐观，才会成为乐观的人。

人在职场，每天都要与形形色色的人打交道。不管是面对同事还是面对客户，我们都要面带微笑，把积极的能量传递给其他人。在团队中，唯有每个人都很乐观，整个团队才能形成乐观的氛围。反之，如果团队中的某个成员消极悲观，那么就会影响其他人。从职业道德的角度来说，不管从事什么工作，既然决定去做，就要认真投入地做好，要怀着积极的心态完成自己的分内之事。哪怕是当一天和尚撞一天钟，也要把钟撞好，才能成为合格的和尚。当然，如果目标不止如此，那么我们还应该竭尽全力做好本职工作。就像小玲，她当然不是喜欢打扫卫生，更不是喜欢做脏活累活，但是既然选择了这份工作，就要坚持做好。正是因为有着这样的乐观心态,才让她抓住了千载难逢的好机会,成功地改变了自己的命运。和小玲相比,悲观的小静就只能眼睁睁地看着机会从自己的身边溜走,悔之晚矣。

要想让自己真正变得乐观起来,就要激发内在动机,因为乐观源自内心。举个简单的例子来说,很多人虽然选择了从事教师工作,却因为每天都面对顽皮淘气的孩子,又有很多琐碎的教学和教育工作需要完成,因而对待工作感到特别厌烦。他们漫不经心地站在讲台上,从未想过自己可以做得更好,就这样敷衍了事地对待教学工作,使得教学效率低下。他们没有意识到的是,他们的一举一动一言一行都将会影响孩子的命运。国家和政府深知教育是百年大计,因而会特别关注激发教师的外在动机。例如,很多国家规定给予教师高薪;有些国家严格考核教师从业人员,以免教师队伍鱼龙混杂。当然,根本的方法是激发教师的内在动机,毕竟外在动机能够持续的作用时间是相对短暂的。所以从根本上来说,激发教师的内在动机,或者引导教师发现自己当初决定投身于教育行业的初衷,才是关键。

人是情绪动物,每个人每时每刻都处于情绪之中,一个人既不可能长久地处于消沉情绪中,也不可能始终处于快乐的状态。在某些情况下，我们因为受到了打击而无法保持最佳的情绪状态，这个时候就要调动韧性思维思考问题，采取辩证的眼光去看待和分析问题，由此发现问题积极的方面。既然快乐不是永恒的，我们也就无须冒着极大的风险追求快乐。当我们不再总是被外部环境影响心境、支配感受，而是能更加忠诚于自己的内心时，我们就可以成为自身情绪的主宰，从消极变得积极，渐渐形成韧性思维。

当然，不要梦想着自己始终走运。真正的乐观主义者既具备认清残酷现实的能力，也拥有乐观面对残酷现实的心态。

○ 韧性思维

发掘消极情绪的积极作用

每个人都会有消极情绪。虽然我们渴望一直保持积极状态，但是不可否认，消极情绪和积极情绪一样，都是合理的存在。从辩证的角度来看，任何事情都有两面性，即积极的一面和消极的一面。情绪也是如此。积极情绪会有消极作用，如乐极生悲；消极情绪也会有积极作用，如苦尽甘来。只要端正心态对待情绪，我们就能让消极情绪发挥积极的作用。

现实生活中，很多人对消极情绪十分警惕，只要感受到消极情绪的蛛丝马迹，就会马上否定自己的情绪，不停地告诫自己一定要积极乐观。其实，这样的回避是不能真正解决问题的。大禹治水，刚开始时采取堵塞的方法，结果失败了。后来，大禹转变思路，采取了疏通的方法，才最终治理好水患。对待情绪，也应该坚持"宜疏不宜堵"的原则，切勿阻截情绪的河流，而是要有意识地疏通情绪的河流。事实证明，很多负面情绪都能起到积极的作用。例如，适度的紧张能够促使人保持良好的状态，发掘潜能，甚至超常发挥；嫉妒能够促使人奋发向上，为了追赶他人而不懈努力。愤怒、恐惧等情绪，也有积极作用。愤怒使人在短时间内爆发出强大的力量，而恐惧则使人本能地远离危险。很小的婴儿就会感到恐惧，正是因为如此，才有心理学家对恐惧进行研究，他们最终发现恐惧是所有人与生俱来的情绪。恐惧，使人主动远离危险，也使人破釜沉舟，拼尽全力。极度的恐惧将会转化为勇气，使人不再胆怯和退缩，而是一往无前，表现出决绝的力量。

在世界上，只有极少数人的生活中是没有痛苦的，这是因为他们先天就没有痛觉。听起来这样的人很幸运，因为他们哪怕面对牙医也不会感到胆战心惊，一不小心摔倒了却无须龇牙咧嘴，而是依然可以笑着站起来。这是没有痛觉的"好处"。那么，没有痛觉的坏处是什么呢？和屈指可数的所谓好处相比，坏处则不胜枚举。失去痛觉的人哪怕被火炙烤，也不会感到疼痛；哪怕身体受到了严重的伤害，也不会因为感到疼痛而主动保护自己。然而，没有痛觉并不意味着他们有金刚不坏之身，恰恰相反，因为失去了疼痛的保护机制，所以他们是很容易受伤的。其实，不仅身体有痛觉，情绪也是有痛觉的。那些负面情绪正是情绪的痛觉表现，会在引发情绪的海啸之后使人警醒。如果没有负面情绪，那么人们就无法了解自己内心的变化，更不可能做出正确的应对。

缺乏痛苦，很有可能会使人受到严重的伤害，甚至导致一个人失去生命。从这个意义上来说，没有痛苦的人就像是被恶魔诅咒了。曾经，有个小男孩没有痛觉，因而他靠着伤害自己来谋生。他会把刀插在自己的肌肉里，还会赤裸双脚走在滚烫的煤炭上。当看到其他人为此惊讶得瞪大眼睛、张大嘴巴，小男孩就会感到很开心，很有成就感。然而，痛苦的缺失使他根本没有意识到这么做会给自己带来多么严重的生命危险。最终，这个男孩无所畏惧地从高高的屋顶上跳下，他就这样在没有痛苦的状态下失去了宝贵的生命。

对人体而言，疼痛既是信号，也是警告，能帮助我们确定行为边界，让我们知道哪些事情是可以做的，而哪些事情是不能做的。那些失去痛觉的人往往很难活下去，因为他们既不知道哪些行为是不能做的，也不能从曾经的危险经历中积累经验，最终他们因为最后一次犯错而离开了人世。情绪的痛苦也具有这样的作用，能帮助我们认识到哪些事情会给人带来快乐,哪些事情会使人无力承受。

所以不要试图拒绝所有的消极情绪,如嫉妒、贪婪、愤怒、焦虑、悲伤、尴尬等。尽管在我们的想象中,没有这些负面情绪的生活很美好,但是有一点可以肯定,即哪怕我们没有这些负面情绪,生活也依然会充满坎坷挫折和各种不如意。既然如此,我们就该有相对应的情绪反应,而不是始终都那么快乐,那么无忧无虑。

人生百态,正是因为人生百味。生活每时每刻都处于变化之中。既然如此,我们就要产生相对应的情绪,感知生活,感知自我。在心理学领域,共情是非常重要的一种心理现象。一个人如果没有情绪的痛觉,就不能体会到负面情绪,自然也就无法对他人的悲伤、难过等情绪感同身受。因此,他们一味地追求快乐,人生变得越来越枯燥乏味。等到快乐达到极致,他们又会感到空虚,甚至觉得人生失去了意义。

对所有人而言,既不能彻底清除消极情绪,也不能产生过度的消极情绪。顾名思义,消极情绪如果长久地存在,就会变得越来越强烈,给人的身心带来严重损害。例如,焦虑虽然并不强烈,却会如同慢性毒药一样侵蚀人的内心。随着焦虑的负面作用不断积累，人体还会出现相应的生理反应，例如胃溃疡、偏头痛等都与焦虑情绪有关。再如，愤怒作为负面情绪是非常激烈的。虽然愤怒能够给人力量，但是如果愤怒超出了正常的限度，使人昏头涨脑，那么人就会陷入冲动之中，不假思索地做出无法挽回的举动。

要想形成韧性思维，我们必须管理好情绪。不管是在生活还是工作中，如果我们总是受到消极情绪的主宰，那么就很难掌控自我，更无法掌控自己的命运。如果我们从未感觉到消极情绪，那么也必然会举步维艰。在积极情绪和消极情绪之间，我们要寻找到平衡点。接下来，我们需要做的是列举出各种消极情绪，然后详细地描述这些消极情绪的消极作用和积极作用。在全面地认识消极情绪之后，相信我们会对情绪有更深入的了解，也能具有更强大的情绪把控能力。

第一章 乐观主义者往往活得顺遂

积极地应对工作

现代人生存的压力越来越大，不但要应付琐碎的生活，还要在竞争激烈的职场中为自己赢得一席之地，才能站稳脚跟。为此，很多人的身体都处于亚健康状态，精神更是处于崩溃的边缘。尤其是当生活的难题和工作的难题撞击在一起时，我们会感觉瞬时就进入了"天地大冲撞"的状态，一切都很混乱，茫然无头绪。更糟糕的是，这样的混乱状态还会引发很多糟糕的后果，使得情况变得越来越严重。为了避免这样的情况发生，我们可以采取措施，提前做好准备，最根本性的措施就是调整好心态，对待工作不要愁眉苦脸，而是要积极乐观。其实，不管是对于生活还是对于工作，忙乱都不能从根本上解决问题，抱怨更是会导致情况恶化。唯有带着积极的情绪，以乐观向上的心态面对一切，才能渐渐地捋清各种事情的顺序，让自己的人生有更美好的状态。

○ 韧性思维

正如人们常说的，既然哭着也是一天，笑着也是一天，我们为何不笑着度过生命中的每一天呢？我们也要说，既然愁眉苦脸是工作，喜笑颜开也是工作，我们为何不喜笑颜开地面对工作呢？有一点是必须明确的，即每个人都可以选择自己的情绪。看到这句话，相信很多朋友都会感到困惑：情绪不是因为外界人和事的刺激而产生的吗？为何能够选择呢？的确，外界的人和事是情绪产生的根源，但是对于同样的刺激采取怎样的心态和情绪去应对，则是我们可以自主选择的。例如，在大城市里生活的很多人都曾经遇到过堵车的情况，那么面对堵得水泄不通的道路，是选择当一个路怒症爆发愤怒的情绪，还是心平气和地打开CD听会歌，这是每个人不同的选择，也必然带来不同的情绪。当然，大多数人都会任由情绪的浪潮席卷而来，无法有效地控制自己的情绪，这使得他们仿佛一叶扁舟在情绪的海洋里沉沉浮浮，不知身处何处。反之，极少数人能够选择自己的情绪，那么即使面对突如其来的打击，面对人生中的各种不如意，他们也不会任由自己被愤怒冲昏头脑。而是会理性对待很多事情，努力控制自身的情绪，让情绪保持在合理的限度内。

例如，很多职场人士在工作了一整天之后都会很辛苦，很疲惫，拖着沉重的身躯回到家里，他们只想赶紧洗个热水澡，吃饱肚子，躺在床上休息。然而，单身汉的这个梦想或许能够成真，对已经成家立业的中年人而言，回到家里还要陪伴家人，陪伴孩子。有些成年夫妻亲自带孩子，家里没有老人帮忙，那么下班之后还要买菜、做饭、做家务、辅导孩子功课等。长此以往，他们必然会感到精疲力竭，情绪也会产生波动。有些成年人回到家里就很烦躁，因为对他们而言回家并不能马上休息，而是要再强撑着做很多琐碎的家务事，直到深夜才能躺在床上享受属于自己的片刻安宁。也有些成年人能够选择情绪，他们始终牢记，自己工作的目的是更好地生活，工作并非生活的唯一目的。为此，他们一直把家庭放在第一位，会在进入家门之前调整好情绪，让自己的脸上浮现笑容，然后满脸和善地出现在家人面前。这就是选择情绪的能力。

不管是在因为私事受到干扰的情况下回到工作的地方，还是在因为工作而心烦意乱的情况下回到家里，我们都要选择合适的情绪。作为普通的员工，情绪不佳不会影响周围的同事；作为管理者，情绪不佳则会影响整个团队。所以每个

○ 韧性思维

人都要以充满希望和乐观的心态面对生命。

对家庭满怀热爱的人，不会觉得照顾家庭很辛苦；对工作发自内心感兴趣的人，具备相应的能力解决问题，也在工作的过程中实现了人生的价值和意义，因而坚信自己足够强大。人们常说，心若改变，世界也随之改变，这是很有道理的。除了自信、希望和乐观，每个人还要具有自我效能感。自我效能感是信心和力量的源泉，能增强人们的行动力。团队成员有效能感，才会发挥主人翁的精神，全力以赴为团队贡献自己的一份力量；团队管理者有效能感，就能影响和改变整个团队，使团队凝聚起强大的力量，变得坚不可摧。不管是个人还是团队，都要奉行乐观主义，这样才能在危机中看到转机，也才能在绝境中看到希望。

细心的朋友们会发现，在工作中，那些具有安全感的人总是踊跃地参与实践，积极地投入创新活动之中。相比之下，外部的威胁并不如大多数人所设想的那样，能够鼓励实验和创新。那么，究竟如何才能消除消极的情绪，产生积极的情绪，在安全的感受中发挥主观能动性，做好所有的事情呢？其实，人的心就像是一个容器，容量是有限的，如果容纳了消极情绪，就没有空间容纳积极情绪。反之，如果容纳了积极情绪，那么消极情绪就无处容身。为了激发积极情绪，我们应该为自己树立一个榜样。每个人都要有目标，才能保持正确的前进方向，榜样的模样就是我们奋斗的目标。如果没有榜样的指引，我们很容易迷失在奋斗的道路上。需要注意的是，榜样既可以是古代或者现代的名人、伟人，也可以是我们身边的人。选择身边的人作为榜样有个显而易见的好处，既能够更多地受到激励，也可以亲眼看到榜样的行为举止，从而加以模仿和学习。

正如前文所说的，消极情绪不能完全缺失，此外，积极情绪也要处于可控的状态。就像完全缺失消极情绪很危险一样，处于失控状态的积极情绪同样是可怕的。

每个人都应该感恩生命。每天清晨起床，我们应该为透过窗户照射进来的阳光而感到喜悦，也可以安静地听着窗外淅淅沥沥的雨声，感受静谧和美好；每天回家，我们应该为家里温馨的灯光而感到幸福，也可以在进入家门之前闻着饭菜的香味卸下满身疲惫，带着轻松和愉悦面对家人。即使工作上遇到了很多难题，我们也无须气馁，工作是一个不断解决问题的过程，如果工作的方方面面都很顺利，那么我们的存在也就失去了意义。当我们为自己定下了情绪的基调，继而就要坚持构建积极的情绪。我们要以清醒认知情绪为前提，有意识地选择良好的情绪，并且渐渐地把拥有好情绪变成生命中的好习惯。

恐惧，是最值得恐惧的

人为什么会感到恐惧呢？究其本质，是因为未知。对于那些自己未曾探索到和未曾了解过的领域，很少有人会充满底气和勇气去面对。反之，对于那些自己非常熟悉的领域，绝大多数人都会胸有成竹，气定神闲。由此可见，未知事物是人产生恐惧的根源。恐惧是典型的负面情绪。新生命从呱呱坠地到长大成人，正是培养恐惧的过程。人们常说初生牛犊不怕虎，这并非是因为初生牛犊充满勇气，而是因为初生牛犊不知道何为危险。不知道危险，不能明确自己的行为边界，这是最可怕的。如果初生牛犊无所畏惧地靠近老虎，那么它一定会变成老虎的腹中美餐。真正的勇敢是明知道有危险，明知道自己不能做某件事情，但是出于某种目的，却依然战胜内心的恐惧去做。明知不可为而为之，是勇敢，是挑战，也是无奈。一岁的幼儿在刚刚学会走路的时候面临着无数未知的危险，父母作为监护人必须寸步不离地守护在幼儿身边，才能避免幼儿发生危险。例如，他们不知道锅灶很热，不知道不能从高处跳到低处，不知道不能碰尖锐的物品，不知道奔跑的时候嘴巴里不能含着东西，不知道笑着喝水很容易被呛到，不知道吃得太多会导致消化不良，不知道不能吃陌生人给的食物……这么多的"不知道"使幼儿无时无刻不面临危险，父母必须凭着人生的经验为他们筑起防火墙。随着知道的事情越来越多，孩子们不再"胆大妄为"，学会了保护和控制自己。渐渐地，他们学会了恐惧，恐惧使他们远离危险，平安健康地长大。

然而，凡事皆有度，过度犹不及。过度的恐惧会使人束手束脚，不敢放开手脚去做事情。只有适度的恐惧，才能激发人内心的力量，使人敢于突破和超越自我。要想发挥恐惧的积极力量，就要认识到恐惧本身才是最可怕的。相比起恐惧，那些引人恐惧的事物并非最可怕的。

为了战胜恐惧，我们要学会把恐惧转化为勇气。远古人类生活在荒蛮时代，每天都要捕获猎物才能填饱肚子，在狩猎的过程中经常会与凶猛的野兽进行对峙，还有可能遭到凶猛野兽的袭击。如果因此就放弃狩猎，那么就不得不忍饥挨饿，日久天长必然导致生命力大大减弱。我们的祖先是

第一章 乐观主义者往往活得顺遂

非常勇敢的,他们明知山有虎,偏向虎山行,竭尽全力战胜内心的恐惧,想方设法地保护自己不被猛兽伤害。除了面对猛兽,远古人类对于自然也心怀畏惧。在远古时代,人们对于自然的认知有限,因而无法合理地解释自然界中的各种现象,每当刮风下雨、发生山火、暴发山洪或者地震时,他们就会感觉世界末日到来了,内心充满了绝望。即便如此,他们还是要四处躲避,寻求一线生机。随着与大自然博弈的次数越来越多,远古人类渐渐地了解了自然,也就不会再因为自然现象而绝望了。

我们要渐渐地养成好习惯,每当感到恐惧时,就去探寻那些令我们感到恐惧的事物,从而有效地战胜恐惧,充满勇气。刚开始这么做也许很难,但随着时间的流逝,随着练习的次数越来越多,我们就会形成固定的情绪反应模式,恐惧也就不会总是伴随着一些可以战胜的困难来侵扰我们了。具体来说,我们要学会接纳新鲜事物,学习各种全新的技能。在工作中,面对艰巨的任务,我们要主动地承担任务;当周围的人都因为胆怯而畏缩时,我们要主动地承担任务,积极地解决问题,也要勇敢地面对冲突,协调我们与他人或者他人与他人之间的关系。俗话说,世上无难事,只怕有心人。

○ 韧性思维

当我们打定主意要做好某件事情，就会拼尽全力争取做到最好，这样我们的内心就会充满力量。在必要的情况下，我们还要斩断自己的退路，形成破釜沉舟的局面。看似绝境的生存困境，将会激发我们心底所有的力量，让我们只能鼓足勇气向前冲刺。

适度的恐惧有助于帮助我们躲避危险，但是过度的恐惧却会把我们变成套中人，使我们不敢追求成功，甚至不敢尝试。在任何情况下，只有勇于尝试，我们才有可能获得成功。当拒绝尝试时，我们固然不会失败，却也彻底地与成功失之交臂了。因而我们必须认识到一个真相，即恐惧有助于生存，却不利于成功；勇气有利于成功，却不利于生存。在恐惧与勇气之间，我们要保持微妙的平衡，才能既发挥恐惧的自我保护作用，也发挥勇气促进成功的作用。

可以习得的心理习惯，就是心态。由此可见，乐观的心态并非天生的，而是就可以选择的。这意味着我们可以通过进行心理习惯的练习而养成良好的心态，例如乐观、充满勇气、坚韧不拔等。

在社会生活中，每当发生严重的灾难性事件时，消防队员总是冲在前面。例如，每当发生火灾、水灾、地震、大楼坍塌事故等时，消防队员都奋不顾身地冲锋陷阵。每一个消防队员都是普通人，正是因为加入了消防队，不断地接受相关的训练，他们的体格才会变得越来越健壮，他们的内心也才会变得越来越勇敢。实际上，作为消防队的管理者，消防队长并不希望所有队员都很勇敢，因为勇敢的消防队员很容易在各种灾难的救援工作中牺牲。反之，他也不希望消防队员陷入极度的恐惧中，因为极度的恐惧会使消防队员畏畏缩缩，不敢展开救援工作。一个真正合格且优秀的消防队员，明知道一些事情是危险的，却能够战胜内心的恐惧，为了守护普通民众而勇敢地去做。例如，大楼里烟雾缭绕，火舌肆虐，但是消防队员却无所畏惧地爬上很高的梯子，进入大楼里救援被困人员。他们的勇气到底从何而来呢？是坚持训练、过硬的体能、强大的内心给了他们勇气和底气。

在长期的训练中，消防队员学会了迅速穿好全套装备，学会了在保证自身安全的情况下爬上高高的梯子，学会了及时扑灭大楼里正在燃烧的烈火。随着他们渐渐掌握了当好消防队员的各项技能，他们学会了使用能够起到更好防护作用的设备，也能够应对更加复杂和危险的情况。最终，在普通人的眼中，每一个消防队员都变得特别勇敢，特别坚强。

○ 韧性思维

和消防队员日复一日地接受训练以平衡好恐惧和勇气一样，服役的战士也是在长期的训练中才变得越来越强大和勇敢的。他们从基本的训练开始做起，循序渐进地增加训练的难度，在日积月累中增加勇气。对普通人而言，他们进行的很多训练都是不寻常的，但是他们却因为始终在接受相关的训练，而渐渐地习以为常。这使得他们在面对异常情况时能够保持镇定，能发挥自身的能力解决问题。这意味着勇气是能够学习到的。

在职场上，不管是作为普通职员还是作为管理者，我们都可以如同一位优秀的战士一样，脚踏实地地坚持训练，渐渐地积累勇气。随着对于陌生的事物越来越熟悉，渐渐地形成了某些习惯，我们的勇气会越来越大。

作为一名销售领域的新人，刘强是从上门推销保险开始入行的。毫无疑问，这个起点极高，很多富有经验的销售人员尚且不能从容地以陌生拜访的方式开拓新客户，更何况是对此毫无经验可言的刘强呢？为了做好心理准备，也为了积累经验，刘强特意跟随一个已经从事保险行业六年的老前辈学习了半个月。要知道，在保险行业，能够从业六年已经是老资格的前辈了。很多人在从业第一年就离开了,还有人在从业五年之内离开了。对此,刘强很忐忑,不知道自己能够在这个行业里坚持多久。

目睹老前辈被客户拒绝,遭到客户的白眼,却依然对客户笑脸相对,刘强从不理解,到由衷地敬佩。渐渐地,他意识到推销保险是一个很有挑战性的工作,也特别愿意通过学习,努力争取做好。为了锻炼胆量,在正式进行陌生拜访之前,刘强决定先对着电话黄页打电话。第一次拿起听筒之前,刘强的内心仿佛压着一块千斤重的石头,他不知道该怎么说第一句话。这个时候,那个老前辈笑着告诉刘强:"恐惧本身才是最可怕的。其实,你只要做好准备接受拒绝,那么不管是什么形式的拒绝就都不可怕了。"让刘强倍感欣喜的是,虽然他打出第一个电话时就受到了挫折,但是他反而觉得很轻松,也不再那么恐惧不安了。

学习并且适应做一件新的事情的确很难,因为我们不知道自己即将面对的是什么。然而,一旦做好心理准备接受最坏的结果,事情就不会像我们想象的那么糟糕。就像年幼的孩子学习走路,总是跟跟跄跄,跌跌撞撞,然而不管摔多少次跌，他们最终必然学会走路，因为他们始终在坚持尝试。作为成人，其实也和孩子一样要以不断尝试和犯错的方式才能成长起来，这是毋庸置疑的。每个人在成功前都会经历无数次失败，正是因为如此，人们才说失败是成功之母。对任何人而言，如果从来不曾遭遇失败，那么他们就不会知道成功的滋味。

我们天生就会感到恐惧，这是老祖先在漫长的历史进程中从无数危险和绝境中总结的。只有找到方法克服内心深处的恐惧，只有鼓起勇气去冒险，只有坚持学习新鲜的事物和技能，我们才能战胜自己，获得真正的成功。

第一章　乐观主义者往往活得顺遂

乐观，是青春永驻的秘诀

　　心理学家经过研究发现，情感语言能够表现人的情绪，也会反作用于人的情绪。在感到绝望沮丧的时候，人们会情不自禁地说一些丧气的话，这会加重他们负面情绪，使他们陷入负面情绪的泥沼中无法自拔。与此恰恰相反，在情绪昂扬内心雀跃的时候，人们也会兴之所起地说一些振奋人心的话，这些情绪语言会强化人的积极情绪，使人表现出更好的情绪状态。具体来说，情绪语言可以按照积极和消极进行划分。积极的情绪语言是用来表达高兴、快乐、幸福、感激、希望和爱的词语；消极的情绪语言是用来表达沮丧、懊悔、悲观、失落、绝望和恨的词语。在表达的过程中，积极乐观的人会在不知不觉间受到情绪的驱使，调用积极的情绪语言；反之，悲观绝望的人会在情不自禁的情况下受到情绪的驱使，调用消极的情绪语言。他们不仅使用这些语言来表达自己的情绪，在此过程中，也会对他人产生影响。

◯ 韧性思维

在现实生活中,我们常常看到有些人虽然年纪不小了,却拥有年轻的心态,不管做什么事情都充满干劲。与这样的人恰恰相反,有些人尽管年纪还很小,但是心态却很苍老,哪怕是面对有可能做好的事情,他们也会设想很多困难,从而望而生畏,打起退堂鼓,甚至彻底放弃努力。拥有这样截然不同的两种人生态度,前者会始终充满生命的活力,后者即使正值壮年也会如同进入暮年的老人一样缺乏活力。当一个人在漫长的生命历程中始终保持前一种状态,或者始终保持后一种状态,那么他们的寿命就会受到影响,心态某种程度上决定了他们生存的状态和生命的质量。对任何人而言,要想提升生存的质量,就要拥有良好的感觉。否则,暮气沉沉的人生是毫无质量可言的。

在很多充斥着负能量的网络社区中,语言作为一种显性影响因素是特别有力的,使生活在社区里的人每时每刻都面临着前所未有的挑战。举个简单的例子来说,在职场上,如果你听到周围的同事都在抱怨公司制度缺乏人性化,公司老板很冷漠无情,那么原本认为公司一切都好的你很有可能就会动摇,甚至在不知不觉间和大家一起开始诋毁公司,苛责老板。对于生活,如果周围的人都是积极热情和充满希望的，那么我们就会受到他们的感染，也变得充满活力，充满信心。反之，如果周围的人都是悲观绝望的，都以"躺平"的姿态面对激烈的竞争，那么我们就会在无形中受到影响，也想要放弃努力，任由很多事情自由发展。从这个意义上来说，一个人最终拥有怎样的人生，不但取决于自己的天赋，取决于其成长过程中是否努力，取决于有没有得到贵人相助，也取决于生活的环境中形成的语言环境，更取决于自己在相应环境中成长的历程。所以不要觉得是某个因素造就了现在的我们，而是要认识到现在的我们都是由各种因素综合作用的结果。

近些年来，在世界范围内，"绝望病"变得越来越严重。很多人面对喧嚣热闹的世界，却失去了活着的兴趣，也失去了努力奋斗的动力，他们如同一副空皮囊一样行走在人世间，渐渐地染上了恶习，例如抽烟、酗酒等。其中，最糟糕的恶习是属于群体的，因为这种恶习每个人只有一次体验的机会，那就是自杀。这也合理解释了现代社会中为何有越来越多的人患上了严重的心理疾病。这些心理疾病给人的心理带来了不可消除的危害，也使人的行为举止和身体健康出现了不同程度的改变。这种现象绝非某个国家或者地区仅有，而是以迅雷不及掩耳之势席卷全球，令心理学家、医生等需要保障大众身心健康的人措手不及。

有心理学家以数万名女性作为研究对象，把其中四分之一最乐观的女性和四分之一最悲观的女性进行比较，发现前者的死亡风险比后者低很多。这是因为乐观的女性不容易患中风，也不容易患冠心病。一般情况下，中风和冠心病都和压力过大有密切的关系。近些年来，世界范围内越来越多的人患上癌症，有人将其归结为环境污染，有人认为这是因为现代人的生存时间更长。其实，心理学家发现和悲观者患上癌症或者其他传染病的概率相比，乐观者患上癌症或者其他传染病的概率大大降低，这是因为乐观者具有自我效能，相信自己是命运的主宰，因而很少感到惶恐不安。难怪老祖宗告诉我们"笑一笑，十年少"呢。我们无须每时每刻都笑容满面，但是我们却可以保持乐观的心态，积极地面对人生。

需要注意的是，乐观主义者从来不会寄希望于好运气，也不会逃避厄运。他们一直在努力，从来没有放弃，这是因为他们坚信越努力，越幸运。在面对疾病的时候，乐观主义者一旦觉察到身体不适就会积极地问诊，向医生寻求帮助，并配合医生进行相关的治疗。相比之下，悲观主义者往往采取逃避的态度面对身体不适，常常自欺欺人，贻误了看病的最好时机。很多时候，疾病并没有那么严重，却因为拖延的时间过长而变得越来越严重，最终导致不可挽回的后果。此外，乐观的心态还能帮助我们增强免疫力，使身体的免疫系统筑起坚固的防线，守护我们的身心健康。曾经，有人针对流感疫苗的效果进行研究，发现那些乐观者对疫苗的身体反应是更好的。此外，这与乐观者积极地锻炼身体、坚持运动也是密不可分的。

当然，这并不意味着悲观主义者无可救药。正如前文说过的，我们可以选择自己的情绪。当坚持选择以良好的情绪应对各种情况时，我们就能形成情绪习惯，也就具有坚持乐观的力量。现代社会中，很多人都追求青春永驻，不惜为此付出昂贵的代价。其实，对所有人而言，最美丽的妆容就是笑容，最昂贵的护肤品就是积极乐观的心态。

第二章

拥有坚定的信念，
以信心点亮人生

在人生的旅程中，当遇到坎坷逆境时，有些人会陷入绝望的境地，轻而易举放弃；有些人却会奋起反击命运，绝不轻易认输。要想突破困境，一定要有坚定的信念，这样才能以信心点亮人生，让人生始终充满希望，蓬勃向上。

信念，是人生的基石

在生命的历程中，每个人都是独特的存在，既是独一无二的，也是不可取代的。这注定了每个人的人生也是不同的。然而，所有人的人生都有一个共同点，即既有平坦的道路，也有坎坷崎岖甚至充满泥泞的道路。俗话说，人生不如意十之八九，正是这个道理。面对人生的境遇，有的人始终斗志昂扬，意志坚定，有的人却很容易就会动摇信念，落荒而逃。人生不同的态度，决定了我们会有怎样的未来，我们的人生又将会有怎样的结局。

细心的朋友们会发现，即使面对同一件事情，不同的人也会有不同的情绪反应，因而会得到不同的结果。例如，同样是面对考试失意，有的孩子奋发图强，努力复习，以在下次考试中获得好成绩为目标；有的孩子却一蹶不振，认定自己压根不是学习的料，因而对待学习三心二意，敷衍了事。同样是面对堵车，有的司机怒气冲天，歇斯底里，恨不

> 韧性思维

得把那些因为发生事故而堵塞道路的车辆当即清除掉；有些司机却借此机会给老人打电话话家常，也有可能听听歌。如果每天通勤的道路上都会堵车，有的司机还会准备一些听力资料，每当堵车就听一听，日久天长就会不断积累，取得进步。总之，不管是成人还是孩子，在生活、学习和工作的过程中都会遇到一些不如意，要调整好心态积极地应对，才能在危机中发现转机，在绝境中抓住希望。

在人生道路上，每个人都要有信念，信念是人生的基石。一个人如果没有坚定的信念，就会被动地接受命运的安排，随波逐流；反之，一个人如果拥有坚定的信念，就会勇敢地与命运抗争，任何时候都不放弃改变命运的希望。人人都要成为命运的主宰，这样才能掌控和驾驭命运。如果总是被命运奴役，从来不敢向厄运说不，那么就会被命运无形的大手推向未知。

当然，成为命运的主宰并不容易。在亲身经历各种事件的过程中，我们要学会选择情绪，也要渐渐地形成塑造情绪的能力。在有意识地进行情绪训练之初，我们会比以往任何时候都更加深刻地认识到情绪的突发和多变，也会切身感受到不同的情绪会对我们自身和人生产生的影响。唯有认识到这一点，我们才会更加重视情绪，才会主动地选择和塑造情绪。举例而言，面对他人的训斥，我们就会产生条件反射，既会发自内心地强烈抵触，也会因此而感到气愤。这是自然的情绪流露。随着不断坚持练习，我们就能够理性地控制自己，认识到自己不应该以更强烈的负面情绪应对他人的指责和训斥，因为这只会导致情况更糟糕。意识到这一点，再加上坚持进行情绪训练，渐渐地我们就能控制情绪，采取更为理性的态度面对他人的冲动、愤怒等强烈情绪。当真正这么做的时候，我们就会发现事情有了令人惊喜的改变，曾经我们和他人如同两个暴怒的大火球，一旦发生碰撞就会燃烧得更加猛烈，现在我们却能够浇灭他人的怒火，使他人也渐渐恢复理智。使得事情朝着好的方向发展，让人欣慰，使结果变得更好。

在某些极端事件中，人们很有可能会改变根深蒂固的观念。尤其是当现场的气氛和情绪都在酝酿中变得越来越浓重时，事情的走向往往会出人意料。例如，原本是一场欢乐的婚礼，却因为有两个来宾喝醉了酒大打出手而变得很不愉快，在一片混乱的现场中，还有些人因此而受伤呢。在一场葬礼中，人们沉浸在悲伤的情绪中缅怀逝者，在了解了逝者的生平之后，人们都为逝者拥有这样充实美好的人生而感动。借此机会，许久未见面的亲戚朋友得以聚集在一起，重建关系。由此可见，人们针对每一件事情的反应都不是固定的，而是可以随着实际情况的改变而变化的。在面对不同的事情时，拥有不同信念的人将会做出不同的决策和举动，也就决定了自身的反应是与众不同的。这是因为事件并非决定我们的感受和行为的唯一因素，除了事件这个重要因素，信念也起到了重要的决定性作用。

对大多数人而言，他们根本没有意识到信念的存在，因为信念始终根深蒂固，不可撼动，在无形中影响着我们的行为举止，也塑造着独属于我们的人生。如果把人脑比喻成电脑，那么信念就是电脑的操作系统。每天，我们需要做的就是打开电脑开始使用，而不会去关心操作系统是如何发挥作用的，对于信念更是如此。只有在发生严重问题且导致计算机不能使用的情况下，我们才会重装系统。只有在遇到非常严重的情况而不得不重建信念的情况下，我们才会意识到信念的存在和作用。

与深入了解且意识到信念的存在相比，改变信念往往更难。每个人之所以是现在的模样，正是信念的作用。在大

第二章　拥有坚定的信念，以信心点亮人生

多数情况下，信念都会发挥积极有效的作用。然而，在极其偶然的特殊情况下，信念却会为我们指引错误的道路，让我们在错误的道路上越走越远。所以我们很有必要了解信念，明确信念在哪些情况下会发挥积极作用，在哪些情况下又会发挥消极作用。

在日常生活中，大多数人都会凭着直觉进行思考，开展行动。和其他的思维方式相比，直觉无疑是最高效的导航方式，能够指引我们的大脑通过最便捷的路径在最短的时间内到达目的地。然而，在某些特殊情况下，我们也需要慢下来，这样才能更加深入地思考，慎重地采取行动。

每个人都有权利选择自己的感受，而不要被外部世界的人和事所影响，也不要被强加某种感受。很多人都高喊着独立自主的口号，不愿意成为可有可无的角色，那么就要从捍卫自身选择的权力做起。面对相同的情况，有人始终保持冷静，有人却在一瞬间气血上头冲动暴怒，自然他们所面对的结果也是不同的。面对人生，我们要以选择情绪的方式去宣告自己对于人生的主权，从而真正地主宰和掌控人生，而不再被外部世界的人和事情所影响和操控。

○ 韧性思维

充满自信地应对人生

每当祝福他人时,我们总是脱口而出"万事如意、顺风顺水、十全十美"等祝福语。的确,这代表着我们对他人最诚挚和最充满善意的祝福,与此同时,我们也非常渴望获得这样的人生。然而,理想总是丰满的,现实总是骨感的。残酷的现实告诉我们,人生总是有各种不如意,而从未有人的人生是真正一帆风顺的。既然如此,我们就要调整好心态面对人生的不如意,与其愁眉苦脸怨声载道,不如满面笑容从容接受。越是抱怨和抗拒,我们越是会因为人生的逆境而痛苦。在很多情况下,我们不是不能接受接受糟糕的结果,而是不愿意接受糟糕的结果。这就意味着我们在和自己较劲,从来不愿意放过自己。

现实生活中,很多人对于人生都始终心怀不满,导致自己的一辈子始终别别扭扭,连气都喘不顺。在对自己的人生挑三拣四、尖酸刻薄的同时,他们却很羡慕别人,认为别人天生就有好运气，学习毫不费力就能取得好成绩，工作常常能够得到贵人赏识和相助，就连买彩票都能中个小奖以安慰自己。其实，这正是大多数人心态的真实写照，这山望着那山高，始终对自己和自己的人生感到不满，却又把宝贵的时间和精力用于抱怨和指责，穷尽一生都碌碌无为，没有任何成就。

对每个人而言，自信都是人生最大的底气。一个人如果缺乏自信，那么不管面对什么事情都会感到很惊慌，不相信自己能够凭着努力争取得到好结果，甚至不相信自己有能力进行尝试。因为害怕失败，所以他们在还没有尝试的情况下就直接选择了放弃。如此一来，他们尽管避免了失败，但是也彻底地与成功失之交臂了。从概率的角度来说，无论做什么事情都有可能获得成功，也有可能遭遇失败，失败和成功的概率是相等的，即各占百分之五十。既然我们有勇气幻想获得成功，那么我们也就应该做好准备承受失败的打击。对于失败，一定要端正态度，意识到失败是成功之母，是通往成功的阶梯。古今中外，无数成功者在获得成功之前都曾经进行了无数次尝试，也付出了千百倍的努力。正是因为勇于尝试，也能够从失败中汲取经验和教训，他们才能离成功

韧性思维

越来越近。例如，爱迪生为了发明电灯，尝试了一千多种材料，进行了七千多次实验，才找到了在当时最适合当作灯丝的材料。如果没有这种锲而不舍的精神，那么爱迪生很难发明电灯，全世界也就会在黑暗中继续摸索一段时间，才能进入光明。正如一首歌唱的那样，不经历风雨，怎能见彩虹，没有人能随随便便成功。

每个人都可以在自己的脑海中使用奇迹疗法。相信自信的力量，自信就能发挥显而易见的作用。在平常的日子里，大多数人对于人生都是充满自信的，认为自己完全能够主宰和掌控命运，只要不懈努力，就能够实现既定的目标。然而，在顺境中的坚持不能体现韧性思维。只有在遭遇困境甚至是绝境时，表现出勇敢坚韧的特质，才是具有韧性思维的体现。

和那些悲观绝望的人一旦遭遇不顺就会心灰意冷不同，很多乐观主义者哪怕面对困境，也依然不会放弃。他们始终相信只有坚持到最后的人，才是笑得最好的人，也坚持相信在任何情况下只要自己不放弃希望，就不会真的失去希望。可见，在我们生存的环境中，任何人和事都不是驾驭我们命运的舵手，只有隐藏在我们内心深处不可撼动的坚定信念，才能掌控我们的命运。尽管这些信念是看不见也是摸不着到的，但是它们始终存在于我们的心灵最深处，根深蒂固地影响着我们的思想观念、行为举止等，在日复一日年复一年中塑造着我们的人生。

每个人都要相信自信的力量。只有相信，才会看见，不要等到看见了再去相信。自信是一种信仰，拥有这种信仰的人内心笃定，能够从容地面对人生的各种境遇。在这个世界上，很多人为了获得内心的笃定和宁静，不辞辛苦地走遍世界的每一个角落去寻找自己想要的东西，但是他们却唯独忽略了自己的内心，忽略了要坚定自己的信仰。有信仰的人不会迷路，他们始终朝着自己想要达到的目的地前行；有信仰的人不会迷失自己，不管外部世界如何变化，他们都知道自己想要什么，也很明确自己想要拥有怎样的人生。有信仰的人不会轻易地怀疑一切，否则，他们就会失去一切。在日本，稻盛和夫被誉为经营之神，他曾经说过，人不应该受到外界状况的支配，不应因为受到外部世界中经济形势和社会形势改变的影响，就轻易地改变自己的理想和目标，也不应该由此断定自己根本不可能实现那些理想和目标，所以选择放弃。当发自内心地想要做某件事情时，我们一定要坚信自己能够做到，从而才能排除万难做到最好。在做的过程中，即使遇到困难和阻碍，也要披荆斩棘，无所畏惧，继续前行。

现实生活中，有些人非常自信，努力奋进，即使承受很多挫折和磨难也绝不轻易放弃，最终获得了想要的成功。有些人却碌碌无为，一旦遇到小小的困难就会想到放弃，最终在默默无闻中虚度光阴，蹉跎人生。这两者的差距并不在于天赋，心理学家经过研究发现，大多数人的天赋都是相差无几的，而之所以有的人成功，有的人失败，原因在于他们面对人生的态度不同。无论何时，我们都要守护心中的希望与热情。只要我们的内心始终怀着阳光，那么就能驱散笼罩天空的乌云，迎来人生的崭新天地。

自信，让职场生涯开挂

现代职场人才济济，竞争异常激烈，很多用人单位都在为找到合适的人才而发愁，而更多的人才则想尽办法想要获得一份好工作。尤其是很多应届大学毕业生，在经过十几年寒窗苦读后，总觉得自己是天之骄子，拿着名牌大学毕业证就应该不管走到哪里都受到欢迎和追捧。然而，现实却给他们上了一课，使他们认识到一份好工作是多么可遇而不可求。尤其是在参加大型用人单位的招聘时，他们原本自信满满地投递简历，参加初试，却在见识到竞争者的十八般武艺之后情不自禁地打起了退堂鼓，甚至怀疑自己是否能够找到工作。不得不说，此刻他们的自信坠入了谷底。与此同时，他们还会对职场产生畏惧和恐惧心理。

和前些年企业招聘员工只看学历不同，现代企业招聘员工的要求越来越高，不但要求看到名牌大学的毕业证，还要综合考察员工各个方面的能力，尤其是要判断员工是否具备控制情绪的能力和自我效能感。这并非是因为企业苛责或者刁难求职者，而是因为工作的模式发生了改变。在几十年前，企业里的中层管理者所肩负的责任就是上传下达，把上级的命令传递给下级，再把下级反馈上来的信息加以过滤，反馈给上级管理者。但是在现代职场，中层管理者则需要肩负起管理团队的重任，这也使得他们对人才的要求从听话能干变成了有实力、综合素质强。

中层管理者不再充当传声筒的角色，而是要负责组建和管理团队。众所周知，在所有工作中，管理人员的工作难度是最大的，这是因为人心变幻莫测，尤其是在职场上，同事与同事之间经常会面临冲突，也会爆发矛盾。这就要求管理者不但要与员工保持沟通，还要在员工之间爆发矛盾时负责做员工的心理疏导工作，在与员工发生意见分歧的时候努力说服员工，更要在员工灰心丧气的时候激励和鼓舞员工。对于团队中随时有可能发生的各种问题，管理者还要负责处理，带领整个团队度过各种各样的危机。在外部世界瞬息万变的环境中，团队的管理也会出现动荡的情况，那么管理者就要成为团队的掌舵人，带领所有的团队成员齐心协力地渡过难关，让团队在不断历练的过程中变得逐渐强大起来。

作为组织机构的一种形式，团队必然会面对意外和打击。遇到这种情况，管理者要达成目标，就要掌控全局，也要负责做好所有团队成员的心理建设工作，引导整个团队朝着预期的方向发展。作为管理者，要想打造优质团队，就不能把自己视为团队中可有可无的角色，也不要认为自己的分内职责仅限于上传下达。作为管理者，只有充满自信，把自己摆放在正确的位置上，才能发挥该有的作用，成为团队中的核心人物。很多人都是苹果手机的忠诚用户，那么一定对苹果手机公司的联合创始人乔布斯非常熟悉。在苹果公司，乔布斯是一个传奇性的人物，他表现出极其强大的自我效能感。

乔布斯具有领袖气质，他能够发挥自身的才华和魅力，从而打造出自己的威严形象。在苹果公司里，很多人都很崇拜乔布斯，也心甘情愿地追随乔布斯。1981年，安迪进入苹果公司工作。作为新人，他主要的任务就是等到十个月之后，负责新Mac电脑的发货工作。

当时，大家都在等待新Mac电脑问世，因而没有人真正开始工作。面对公司的情况，安迪感觉很不妙，因而特意提

○ 韧性思维

醒上司巴德·特里布尔这个疯狂的计划注定会泡汤。然而，巴德对此充满信心，他还告诉安迪：乔布斯是一个极其具有领袖魅力的人，能够改变身边的人，凝聚身边的人，和他一起达成伟大的目标。巴德郑重其事地告诉安迪：乔布斯的字典里没有"不可能"这三个字。就在安迪的担忧中，新Mac如期问世，他也得以按时把这批新Mac电脑发了出去。

很快，新Mac电脑就在全世界范围内掀起了一股狂热的浪潮，很多支持和热爱苹果产品的人都来参加了新Mac电脑的发布会，只为了亲耳听到乔布斯向他们介绍新Mac电脑的独特之处。从某种意义上来说，那些狂热追求和使用苹果产品的人，也是乔布斯忠心耿耿的追随者。换一个角度而言，他们正是因为欣赏和喜爱乔布斯，所以才会对苹果产品始终满怀信心。正是在乔布斯的凝聚力之下，用户才会对苹果有持久的热情和热爱。除了苹果公司，其他任何硬件集团和软件集团都很难做到这一点。

作为管理者，一定要有成为领袖的特质，才能一呼百应，应者云集。如果管理者没有得到员工的支持，不管说什么话或做什么事情，始终都是在唱独角戏，那么他们就不可能成就伟大的事业，无法证明自己存在的价值。从心理角度来说，这样的领袖魅力就是影响力。具有影响力的领导者言行举止都散发着独特的吸引力，既能够吸引他人的关注，也能够在不知不觉间对他人发挥作用，影响他人。

作为普通人，可以适度地发挥影响力，但不要走入极端之中。杰克·韦尔奇在通用电气公司任职多年，一直负责公司的经营和运转。在管理企业的过程中，他很清楚管理必须与时俱进地改变，而不要再把管理理解为权威和权力。在一切形式的组织内部，我们唯有不断地向上攀升，才能拥有更多的权力，让自己的控制力辐射到更大的范围之中。如今，随着各种管理理念的更新，我们开始质疑这种观点。虽然如今的高层管理者拥有很大的权力，但是他们很难只用权力的威严就管理好企业。作为管理者，必须提升自身的说服力和感染力，也要发挥影响力的作用，才能与员工之间保持顺畅的沟通，从而让管理工作始终保持高效。否则，一味地以权力压制下属，强求下属接受自己的意见，很难让下属心服口服。

要想实现这一点，就要坚持以正确的方式思考，也要在三思之后果断地采取行动。在家庭教育中，父母教育孩子必须坚持言传身教的原则，其中，身教的作用远远大于言传。在企业管理中，管理者管理下属也是如此，要把自己树立为下属的榜样，才能以身示范，让整个团队都整齐划一。尤其是在危急时刻，作为管理者一定要有担当。有些管理者习惯于把责任推卸给下属，一旦遇到需要承担责任的情况，他们就会第一时间想到自保，从而为自己寻找替罪羊。对于这样的领导者，下属看在眼里，失望在心里，根本不愿意追随对方。有些管理者则恰恰相反，他们哪怕明知道是下属犯了错误，也会主动地承担起责任。毫无疑问，和前者相比，下属更愿意追随这样的领导者。随着共事的时间越来越长，他们还会非常崇拜这样的领导者。

俗话说，路遥知马力，日久见人心。在职场上，同事之间相处是需要时间才能彼此了解的。毕竟同事关系是很特殊的，既不同于亲人关系，也不同于朋友关系。亲人之间有着血缘上的亲厚关系，朋友之间毫无芥蒂，而同事之间既要在工作的过程中彼此合作，又有可能因为利益冲突而发生矛盾。如何平衡好合作与利益分配的矛盾，这是关键所在。每个人都必须摆脱主观的利己主义，尽量从客观公允的角度看待问题。

此外，乐观自信地对待工作，还要求我们变被动为主动。在职场上，有些人之所以选择从事当下的工作，只是为了养家糊口，或者是因为没有其他更好的选择。这使他们的选择带着心不甘情不愿的意味，他们也就很难全身心投入于工作之中。其实，任何人不管出于怎样的原因选择了当下的工作，既然做出了选择就要做到"爱我所选"，这样才能脚踏实地地对待工作，认真细致地完成工作。哪怕是自己不喜欢或者不擅长的事情，只要充满自信地去做，发挥出自己的最佳水平，那么相信你也一定能把工作做好！

○ 韧性思维

适度预期未来

对于人生，有些人既没有长远的规划，也没有伟大的目标，他们只是当一天和尚撞一天钟而已，不愿意对未来寄予任何希望。有些人则恰恰相反，他们对未来抱有很大的希望，梦想着自己有朝一日能够出人头地，梦想着自己的未来超乎寻常地璀璨辉煌。如果说前者懵懂度日是对人生的不负责任，那么后者过高地预估未来则很容易陷入失望之中。对当下来说，过度预期未来也会使人们不愿意在当下努力，仿佛一切难题到了未来都会被解决。从这个意义上来看，我们要适度地预期未来，既不要因为未来还遥不可及就认为未来无关紧要，也不要因为对未来怀有过高期望就认为未来无所不能。

人生有三天，昨天、今天和明天。每个人真正能够把握的就是今天。只有充实地度过今天，我们才会有值得追忆的昨天，而不会为昨天的无所作为悔恨；只有把握好每一个

第二章 拥有坚定的信念，以信心点亮人生

今天，为未来奠定良好的基础，我们才能拥有更加美好的明天。由此可见，今天起到承上启下的作用，是人生中唯一我们能够决定的一天。对任何人而言，如果虚度了人生中一个又一个今天，那么也就等于虚度了人生。

心理学家经过研究发现，心态是否积极乐观，对于人的寿命也是有影响的。阿尔伯特·班杜拉和朱利安·罗特提出了相应的观点，认为自我效能感会影响人的寿命。他们自身的经历也证明了这一点，阿尔伯特·班杜拉在92岁时身体还很健康，朱利安·罗特享年98岁。对于他们的观点，很多心理学家都表示支持和赞同。从这个意义上来说，每个人要想健康长寿，拥有高质量的人生，就要坚持规律作息、健康饮食，还要坚持体育锻炼，增强体质。不仅如此，还要关注细节方面，例如戒烟禁酒，保持良好的卫生习惯等，都是有助于身体健康的。从心理因素的角度来说，一定要保持愉悦的心情，保持积极乐观的心态。2022年9月8日，英国的伊丽莎白女王去世，就在去世前一天，她还在接待来访者。96岁高龄的伊丽莎白女王在去世之前没有任何病痛，也没有卧病在床需要照顾，她每一天都活很独立，死亡到来得也很快，这就是高质量的人生。这与她天性乐观健康不无关系。细心的

○ 韧性思维

网友们找到了很多伊丽莎白女王在世时的照片，发现她总是满面笑容，给人以如沐春风的感觉。

要想保持良好的情绪，就要适度预期未来。人生说长则长，说短则短。有些事情，我们想到就要去做，不要给人生留下遗憾。有人曾提出要把每一天都当成生命中的最后一天去过。然而，也没有必要为此给人生设定过高的目标。过于远大的目标会像石头一样沉甸甸地压在人的心头，又因为坚持努力却没有实现目标的希望，长此以往，人未免会感到身心疲惫。当然，这也不是说人生不需要远大目标。远大的目标是人生的引航灯，每个人都要在远大目标的指引下才能坚持正确的方向。既然如此，我们可以采取一个两全其美的方法，即先制定远大的人生目标，再对目标进行分解，把人生目标分解成为远期目标和中期目标，继而再把中期目标划分为短期目标。在不断实现短期目标的过程中，我们能够获得成就感，也由此提振信心，继续努力实现接下来的目标。这样就能进入良性循环状态，从而像爬台阶一样拾级而上，渐渐地接近最高点。

在以瘦为美的现代，很多人都奢望能够快速减肥。市面上有很多书籍都号称减肥秘籍，以在短时间内无须节食和运动就帮助人们减肥为卖点，受到很多读者朋友的追捧。这些书籍中都介绍了如何健康饮食，他们把各种食物搭配起来，看上去色香味俱全，而且营养均衡，最重要的是有饱腹感。这样人们哪怕只吃这样清淡的食物，也能摄入充足的营养，还能消除饥饿感。然而，所谓的减肥食谱并不是真的具有魔力。如果真的有人靠着减肥食谱成功减肥，只能说他们本身是很有毅力的，也认识到了肥胖对身体的危害，所以能够坚持健康饮食。从另一个角度来看，如果一个人对于体重的看法和观点本身就是错误的，那么他即使买再多减肥的书放在家里，也无法拯救自己的腰围。

因为错误的节食，所以有些人患上了严重的厌食症、贪食症。很多厌食症都是神经性的，患者既想要大快朵颐，又想要节食减肥，因而只能采取催吐的方式，在满足食欲之后，中断食物在身体内的旅行，让食物再从口腔出来。长此以往，他们非但没有成功减肥，还失去了健康的身体，又谈何长寿呢？

对于任何事情，我们都要节制。一旦失去节制，事情就会朝着糟糕的方向发展，带来很严重的后果。古人云，凡事皆有度，过度犹不及，这是很有道理的。

韧性思维

为了研究适度预期对人的影响，心理学家来到养老院里，对两组老人采取不同的护理模式。对第一组的老人，护理人员全方位地照顾，无微不至，老人每天吃吃喝喝，玩玩乐乐，无忧无虑，因为护理人员已经为他们准备好了所有事情。对第二组的老人，护理人员则给予他们很大的自主性，他们可以自由地选择如何摆放家具、吃什么饭菜、进行什么活动，他们还被鼓励种植各种盆栽，甚至还可以养小动物。总之，对他们的护理原则就是鼓励他们自己的事情自己干，尽量照顾好自己。一段时间之后，第一组老人虽然一直在接受无微不至的照顾，却变得越来越无助，他们不管做什么事情都要求助于护理人员。相比之下，第二组老人需要凡事亲力亲为，因而变得越来越独立，而且精气神也更好。

每个人既要享受自由，也要承担责任，只有在自由和责任中寻找到平衡，才能保持良好的生存状态。其实，不仅对于老人如此，教育孩子也是如此。人是需要安全感的，当具备一定的自主空间，也能够决定很多事情的时候，就会产生愉悦的情绪。

如何变得更加自信

自信十分重要，我们要有意识地培养自信。首先，要采取积极的方式思考问题，也要坚持良好的行为习惯。著名的戏剧家莎士比亚创作了很多经典的作品，其中哈姆雷特的形象更是始终活跃在舞台上，绽放出光彩。我们不妨借用莎士比亚的那句话："虽然我们的宿命取决于上帝，但是我们还是可以略微改变命运的。"虽然哈姆雷特的本意是抱怨不公的命运，但是换一个角度来看，我们就会发现命运是可以改变的。人们常说心若改变，世界也会随之改变，正是这个道理。

不管是面对生活还是面对工作，我们都常常遭遇不如意，如果因为小小的不如意就一蹶不振，就自暴自弃，那么我们只会被命运无情地玩弄于股掌之间。每个人都拥有自由的意志，也可以自主地选择情绪，当然也能改变命运。在职场上，每当发生预期之外的紧急情况时，人们就会选择控

○ 韧性思维

制局面。在不知道结果将会如何的情况下，先紧急按下暂停键，这当然是明智的选择。然而，这么做也是有难度的。很多人因为缺乏自信，所以总是犹豫不决、迟疑不定，长此以往，他们必然会变得优柔寡断。要想解决这个问题，当务之急就是提升自信。对职场人士而言，可以从以下五个方面提升自信。

第一方面，要从门外汉变成专业人士。恐惧往往产生于未知，如果我们对于事情的发展和走向都不明确，那么恐惧就会侵袭我们的心灵。只有坚持学习，才能从一无所知到了解皮毛，再到了解真相。这样一来，我们就会非常笃定，知道自己该做什么、不该做什么，自然也就不会惊慌失措了。

第二方面，要积极地应对挫折。人生在世不可能凡事都顺心如意，既然如此，在面对挫折的时候就一定要积极乐观，而切勿悲观绝望。选择以怎样的情绪应对挫折，对于结果将会产生很大的影响。与其在事情还没有那么糟糕的情况下就悲观放弃，不如全力以赴地做好自己该做的事情，再等待命运的安排。

第三方面，要建立良好的人际关系。现代社会中，人脉资源已经成为非常重要的资源之一，尤其是在需要借助于外力的情况下，有没有贵人相助的结果截然不同。为了提升自信，我们要有意识地结交更多人，建立人际关系，储备人脉资源。要想广交天下朋友，一定要在平日里就经常维护与朋友之间的关系，而切勿等到需要朋友帮忙时才临时抱佛脚。

第四方面，勇敢地突破和超越自己。正如一位名人所说的，每个人最大的敌人就是自己。很多情况下，真正困住我们的不是外界的人和事，而是我们的自我认知。一个人如果认定自己能力有限，那么就很难做出让自己感到惊喜的事情。反之，一个人如果认定自己有很大的潜能，并积极地突破和超越自己，那么就会不断地提升自身的能力，最终创造奇迹。

有个男孩正在备考音乐学院，因而父母特意花高薪聘请了音乐学院的教授对他进行一对一辅导。男孩得知辅导费用很贵，因而对辅导寄予了很大的希望，也一直在盼望着上第一次课。

这天，男孩如约来到老师的私人教室，发现老师还没有来，就满怀期待地等着。很快，老师来了。男孩和老师互相

○ 韧性思维

认识后,老师只给了男孩一本乐谱,对男孩说:"把这本乐谱练熟。"说完,老师就头也不回地离开了教室。男孩打开乐谱一看,不由得紧皱眉头,原来他从未练习过这么难的乐谱。尽管忐忑不安,但是男孩不知道该去哪里找老师说明情况,只好硬着头皮练了起来。经过一下午的练习,他终于能演奏整首曲子了。快到结束时,老师过来告诉他:"回家继续练习,必须特别熟练。"

男孩的脑海中一直浮现出老师严肃的面孔,生怕下次课的时候因为演奏不够熟练而被老师批评,因而很积极地坚持练习乐曲。充实的日子总是过得很快,转眼间就到了上第二节课的时间。男孩默默想着:"这次,老师总该教我点儿什么了吧。"不想,老师拿来一本更难的乐谱,让男孩继续练习。和第一次课一样,直到下课时,老师才再次出现,叮嘱男孩认真练习。如此,一连上了十次课,老师从未教男孩任何演奏的技巧,男孩始终在独自辛苦地练习演奏。在上第十一次课之前,男孩实在忍不住了,因而把真实的情况告诉了父母,还建议父母不要浪费钱了。不想,父母却很淡定地要求男孩遵从老师的安排。直到第十二次课,也就是最后一次课,老师才留在了教室里。这个时候,老师拿出第一首曲子让男孩演奏。男孩有些为难地看着老师，说："老师，我当时练习就感觉特别难，现在又过去了这么长时间，我觉得我肯定不行。"老师笑着对男孩说："没关系，我不会批评你的，你只要发挥出你的最高水平就行。"

男孩紧张地打开乐谱，开始演奏。让他自己都感到难以置信的是，音乐从他的指尖流淌出来，旋律那么优美，节奏那么鲜明。男孩压抑住内心的狂喜，好不容易等到演奏完乐曲，这才欣喜地问老师："老师，我做到了？"老师重重地点点头，说："是的，你做到了。"从此之后，男孩再也不害怕练习那些对他而言有难度的乐谱了。因为他很明确，只要坚持练习，他就会熟能生巧，让演奏行云流水。

很多人自认为不行，因为还没有开始尝试，就选择了彻底放弃。正像事例中的男孩，从拿到第一本乐谱开始就认为自己做不到，却因为找不到老师只能无奈地硬着头皮坚持练习。让他万万没想到的是，随着练习的曲目越来越难，他的演奏水平却越来越高。不管做什么事情，我们都要有迎难而上的决心和勇气，这样才会在战胜困难之后发现一个全新的自己。

第五方面，发挥影响力。每个人都有影响力，影响力能够帮助我们说服他人，使他人接受我们的观点和看法。有影响力的人拥有强大的力量，而没有影响力的人则常常被动地接受他人的影响。当发挥影响力的作用，吸引更多人围绕在我们的身边时，我们就会成为人群中的核心人物，能借助众人的力量达成目标。

职场已经不再是简单的上传下达，每个人要想在职场中立足，都要充满自信。虽然是金子总会发光的，但是如果能够尽早地展现自己，获得上司和领导的赏识，那么我们就会得到更多的好机会，在公司的平台上大显身手。酒香也怕巷子深，作为现代职场人，一定要有该出手时就出手的决心和勇气，才能主宰和掌控命运。

第三章

得道多助、失道寡助，建立良好的人际关系

在现代社会中，人脉资源是非常重要的，每个人都要建立良好的人际关系，才能在需要的时候得到他人的帮助。否则，一个人就算能力再强，也不可能面面俱到地做好所有的事情，更不可能仅凭一己之力获得想要的成功。

第三章　得道多助、失道寡助，建立良好的人际关系

人生应该更加广阔

职场人士的每一天都像复制而来的，每天都像前一天那样早早地起床，匆忙洗漱过后就去搭乘公共交通工具赶往上班的地点。在终于到达公司附近时便看看时间，如果时间还宽裕，就在路边的早点摊买一份早点，一边步履匆匆，一边把早点吞到肚子里。不管是炎热的夏季还是寒冷的冬季，不管是充满希望的春天还是丰硕的秋天，他们都过着没有太大变化的生活，生活如同钟摆一样极其富有规律，但也是一成不变的。日久天长，职场人士未免会感到疲惫，周而复始的生活也使他们渐渐失去了热情和激情。对待工作，他们从最初的意气风发，怀有无限梦想，到现在的得过且过，敷衍了事；从初入职场如同打了鸡血一样的状态，到现在身心疲惫，对任何事情都提不起兴致来，这样的改变甚至令他们自己都感到吃惊。很多职场老人从还没开始上班就盼望着下班，对待工作不求有功，但求无过。然而，没有任何一家

○ 韧性思维

公司愿意养闲人，对于那些对待工作没有目标也缺乏动力的人，公司只是暂时还没有找到合适的接替者，所以才能容忍他们继续存在而已。一旦有了合适的人员接替老员工的工作，公司就会进行人员大换血，注入新鲜的血液，让组织机构充满活力。

不得不说，这些疲态尽显的职场老员工都不具备韧性思维，所以面对千篇一律的工作时才会感到缺乏兴趣。相比之下，那些具有韧性思维的人，即使面对重复的工作，也能在更长的时间里保持工作的热情和积极性，有效地提升生产力。这一点是很重要的，不仅关系到公司的整体工作效率，也关系到职员个人能否继续留在公司里。

此外，如果不能长久保持良好的工作状态，就会使每天工作的效率大幅度降低。众所周知，在比较安逸的办公室环境中，人们的工作效率往往很低。美国的相关部门对此进行了专项调查，结果发现很多办公室人员每天都会花费大概2.5小时在网络上闲逛，而只花费不到3小时工作。看到这样的调查结果，很多人都会感到惊讶，然而，这就是一部分人工作的现状。

也有私人的调查机构对此进行调查，发现在那些规模庞大的组织中，尽管工作的节奏更快，工作的任务更多，但是绝大多数员工用于工作的时间依然不足百分之五十。他们正是借助于这段时间完成了自己的重要工作，而在其他时间里，则以各种形式进行休闲，顺便漫不经心地完成一些琐碎的工作。车间里的工人必须集中精神才能保证生产线的正常运转，但与车间工人不同，在办公室里工作的员工真正用于工作的时间是更少的。这是因为他们的工作内容并不那么急迫，也不那么重要，即使略有延迟也不会当即导致严重的后果，所以他们无形中就会懈怠，以漫不经心的态度对待工作。

作为职场人士，听到这个消息也许会感到很开心，因为既然所有的同事都没有把全部的时间都用于努力工作，那么我们也可以偶尔偷个懒，或者翘翘班。然而，换一个角度来看，我们更应该反思自己每天用于工作的有效时间过少。很多人对待工作总是叫苦不迭，认为自己一整天都在埋头苦干简直太辛苦了。那么你不妨认真地计算一下自己的工作时间，你就会发现你顶多能专注投入地工作6小时。一旦超过6小时，你就会分心，也会感到疲惫。所以在超出6小时的时间里，大多数员工都在以磨洋工的方式等待下班，或者趁着领

○ 韧性思维

导不在去网上冲浪。总之，即使工作也不会有效率，既然如此，不如集中精力先做完重要的工作，接下来就让自己放松一下。

大多数员工的工作都是有量化标准的，如果他们能够在更短的时间内完成固定的工作量，那么就可以用节省的时间休息。当然，不愿意休息的员工还可以继续工作，赚取额外的收入。比起员工，管理者的工作则很模糊，难以以固定的标准进行衡量。管理者的主要职责是管理下属，而非亲力亲为地完成一定量的工作，所以要判断管理者的工作完成情况，就要考察所有下属的工作完成情况，既要追求量，也要保证质。从这个意义上来说，管理者可以根据团队完成工作的情况来决定自己的工作时长。如果团队承担了一项很重要的任务，那么管理者很有可能需要废寝忘食好几天，带领团队攻坚克难。反之，如果团队提前完成了某一项很重要的任务，那么管理者就可以给自己和所有团队成员放个假，让大家好好地利用节省的时间休息。

需要注意的是，管理者对工作的弹性安排并非是无限度的。一则受到团队成员工作状态的影响；二则取决于项目的难易程度；三则受到有限的预算限制。所以管理者必须把这些因素都纳入考量范围，在经过慎重的思考之后才能做出明智的决定。

如果想最大限度地提升工作的效率，领导者可以针对这些影响因素采取有效的措施。例如，在人力有限的情况下，管理者可以寻求人力支持；在资金短缺和预算有限的情况下，还可以借助平台寻求合作的机会，很多客户、供应商都愿意以这样互惠互利的方式寻求突破。管理者必须认识到，在现实生活中，没有任何英雄能够拯救世界。俗话说，一根筷子被折断，十根筷子抱成团。作为管理者，最重要的任务就是组建和管理团队，然后带领团队获得成功。和团队的力量相比，一个人的力量是有限的，此外，一个人常常因为孤独寂寞而承受更大的工作压力，并陷入紧张焦虑的负面情绪中无法自拔。既然如此，就让我们如同一滴水一样融入大海吧，相信大海一定会爆发出令世界震撼的力量！

○ 韧性思维

以决绝的勇气实现目标

在通往成功的道路上，总是充满泥泞和坎坷，还有可能遍布荆棘。然而，我们不能因为前路坎坷就选择放弃。其实，在确定目标之初，我们就应该预想到很多困难和障碍。越是如此，我们越是要充满信心和勇气，迎难而上。那些品尝过成功滋味的人都知道，成功的味道不单纯是甜的，而是百味交杂。有甜蜜，有苦涩，才是成功的真相。

目标，就像是人生的灯塔，每当我们在人生中迷失方向时，只要想起目标，就会觉得心中一片清明。当然，目标并非一成不变。在制订目标的时候，我们认为人生目标是极其远大的，也把实现目标当成人生中最大的成就，但是随着自身的不断成长，随着外部世界的发展和变化，我们的心态也会改变。在这种情况下，就需要调整甚至改变目标，从而让自己人生的现状更加贴合目标，有助于实现目标。即便如此，我们在实现目标的过程中依然会遭遇困难。没关系，尽管我们自身的力量是有限的，但是在讲求合作的现代社会中，团结协作才是主旋律。当我们融入团队之中，以决绝的勇气坚定不移地奔向目标，我们会有更强烈的责任感。

作为管理者，必须学习和掌握新的管理技能，才能构建良好的团队，发挥团队的影响力，营造彼此信任、目标一致的团队氛围。在发生利益冲突等情况时，管理者更是要学会以和谐的方式团结团队成员，不要为自己树敌。可以说，在这种新型的管理模式下，很多优秀的管理者凭着出类拔萃的表现和管理才能，很快就会脱颖而出。

管理工作有三个具体的特点。

第一个特点是专业化。对于管理者，很多人都存在误解，认为管理者就会和稀泥，就是以无所作为的方式搞定大多数人，让他人心甘情愿地为自己所用。其实，新型的管理具有很强的专业性，不但作为一门独立的学科，而且在企业经营中被提升到了前所未有的高度。

第二个特点是精细化。管理的对象是人，这意味着管理者必须做好人的工作，才能达到管理的要求。人，是世界上最复杂的生物，人心更是每时每刻都处于变化之中，人的思想、观念和情绪等都是千变万化的。为此，管理者要以人为工作的对象，把管理工作做得更加细致。不仅如此，很多大型企业在生产的过程中，并不会坚持实现自给自足。一则是因为自给自足的成本很高，二则是因为要把专业的事情交给专业的人去做。例如，一些生产汽车的公司并不会自主生产橡胶，一些生产手机的企业并不会自主生产所有的零部件。相反，他们和专业生产橡胶、手机零部件的企业合作，以合适的价格从这些企业购买到维持自身生产所需要的原料或者部件。这正是专业化的表现，而极高的专业化则要求不同的企业必须拥有自己的发展领域和与众不同的产品，这样才能成为产业链上不可或缺的螺丝钉，发挥不能被取代的重要作用。

第三个特点是全球化。全球化已经成为很多行业的发展趋势，各个国家也开始打开国门，走向世界。那么作为管理者必须与时俱进，紧紧跟上时代发展的脚步，才能推动管理工作走向国际化和全球化。

如今，很多企业都在大力发展跨境业务，这使得供应链从简单变得复杂，而且大有越来越复杂的趋势。在全世界范围内，跨境业务所占有的比例都在持续地上升。1960年，跨境业务只占25%，但是，如今跨境贸易所占的比例已经高达55%。这意味着当地球上某个地区或者国家的人正在睡觉时，其他地区或者国家那些在不同的文化背景和语言环境中工作的人，正在给这些人提供支持，从而帮助他们做出决策。

总之，作为管理者，已经不可能再以发号施令的简单方式从事管理工作。每一个管理者都需要不断地向外拓展人际关系、发展业务，并同时向内与同事之间建立良好的合作，齐心协力为实现共同的目标而努力。和以前相比，如今的管理工作都具有极大的挑战性，因为管理者必须顺势而为，积极地做出改变，才能真正承担起管理的工作。在工作的过程中，管理者还要有信心和信念，这样才能拼尽全力去实现既定的目标，带领团队勇往直前，获得最终的胜利。

◐ 韧性思维

走出困境

每当身处困境的时候，人们就会想起困兽犹斗这个词语。这个词语非常生动传神，描写了那些陷入绝境的猛兽在最后时刻到来之前绝不放弃希望地抗争着。人虽然是自然界里最高级的生物，自称万物的灵长，在大自然面前却是非常渺小的，也常常和动物一样陷入困境。这种困境既有现实存在的困境，也有内心的困境。和现实中的困境相比，内心的困境往往更令人悲观绝望，甚至使人陷入郁郁寡欢之中，彻底放弃拼搏和努力。对于这样的状态，莎士比亚是很熟悉的，因为在他的笔下，很多人物都曾经有过这样的绝望时刻。为此，莎士比亚写道："悲伤总是结伴而来，而不会势单力薄地面对我们。"在现实生活中，我们常常会感到所有的事情都很别扭，都很不对劲，每当这时，我们往往脆弱无助，特别需要得到帮助。

在职场中，困境更是随处可见，随时可遇。在公司里，每当一件事情的发展不符合我们的预期，也不能让管理者感到满意时，作为基层员工的我们往往会得到管理者看似慷慨无私实则是错误的指导和帮助。然而，在发现事情并没有好转时，管理者也会陷入恐慌的情绪之中，在这种情况下，他们无计可施，只能要求我们提供各种解决方案，或者做好备案以防更糟糕的情况发生。这么做有什么好处呢？尤其是在随时向管理者汇报最新情况却又不能得到切实有效的帮助时，这么做只会浪费宝贵的时间，使我们无法在第一时间解决问题。众所周知，在很多情况下，时间就是转机，能够抢占先机的人往往有更大的可能性解决问题，或者至少能缓解问题。认识到这个真相，管理者就不要再要求员工事无巨细地汇报了。与其如此，不如把时间留给员工，让他们尝试着解决问题，哪怕因此而出错，也总比无所作为来得更好。

在顺遂如意的境遇中，我们往往有很多看似热心和忠诚的朋友，他们表示，愿意与我们成为同一个战壕的战友，有福同享、有难同当，绝不背叛对方。然而，一旦进入困难时期，我们就会惊讶地发现身边没有任何朋友了。仿佛一夜之间，所有的朋友都人间蒸发了，哪怕我们打电话寻求帮助，他们也会找出各种理由和借口拒绝我们。难怪古人说路遥知马力，日久见人心，原来是因为在漫长的人生中，只有当遭遇困境的时候才能区别真假朋友。

很多人都因为失败而陷入孤独之中，这种事情每天都在上演，和我们有相同经历的人数不胜数，所以我们无须感到惊讶，更无须感到悲伤。也许，我们正好可以借助这个机会看清楚朋友的真心。对于那些喜欢给我们锦上添花的朋友，我们无须过于放在心上；对于那些在我们陷入困境时给我们雪中送炭的朋友，我们则要用心珍惜。对所有人而言，朋友的支持和帮助都是渡过难关的底气和资本。那些真心的朋友从不吝啬帮助我们，不但给我们提供切实的帮助，还给我们提供情感上和精神上的支持。有了他们的陪伴和支持，我们就不会再感到孤独，也有了信心和勇气面对未知的未来。

在现代社会中，人际关系被提升到前所未有的高度，不但会影响个人的职业生涯发展，而且会影响个人的生活。在没有网络的时代里，朋友之间只能通过见面加深感情；如今，网络已经普及，各种现代化的通讯工具使得实时通讯成为可能，哪怕是远隔万里的朋友也可以通过视频聊天增进

第三章　得道多助、失道寡助，建立良好的人际关系

感情。需要注意的是，良好的人际关系要符合数量和质量的要求。所谓数量，指的是朋友要多，而不要泛滥。很多人只有少数几个朋友，而且还维持着君子之交淡如水的关系，未免会觉得孤单。俗话说，多个朋友多条路，通信如此便利，我们可以与更多人维持良好的交往，并且遵从礼尚往来的原则，多多与朋友走动，这样才能形成深厚的友谊。

事实证明，每当情绪不佳时，能与好朋友话家常，是一件很幸福的事情。古人云，知己难求。人生若有三五好友，再有几个知心的好朋友，何其有幸。心理学家经过研究发现，那些拥有很多朋友，且与朋友之间保持亲密往来的人情绪更稳定，乐观开朗，而且幸福指数和快乐指数都很高。

需要注意的是，与朋友交往不仅仅指获得朋友的支持，在很多情况下，例如朋友遇到了困境，我们也要慷慨无私地支持和帮助朋友。在一切形式的人际关系中，都要符合礼尚往来的原则。在朋友之间，如果想要得到对方更多的关注和支持，就要主动地给予对方关注和关爱。俗话说，种瓜得瓜，种豆得豆，正是这个道理。

从这个意义上来说，哪怕我们不是负责组建团队的管理者，只是公司里普通的小职员，是可有可无的角色，在自己

的生活中也要成为众星捧月的主角。如果说我们是月亮,那么众多的朋友就是星星,会一直陪伴在我们的身边,让我们在漆黑的夜晚和孤独的困境中也不感到孤独无助。

什么才是真正的拓展人生

人在职场，对于"向外拓展"这个词语一定不会感到陌生，这是因为很多管理者都喜欢说这句话，表明自己是努力上进的，也用这句话激励下属，希望下属也能做到不满足于现状，积极地发展自身的能力。不管是作为普通员工还是作为管理者，当标榜自身向外拓展时，往往意味着更高级别的管理者已经认可了他们的某个计划或者想法，并且想要采取切实的举动大力支持他们。相比之下，如果只是发了一封电子邮件给公司的高管，表明自己想要继续成长的想法，而没有得到任何回应，那么就算不上是向外拓展的有效方式，充其量只能作为一种有可能有效的手段，推动计划向前发展。

所谓拓展人生，从制性思维的角度来看，就是为了促成某件事情而与他人之间建立彼此信任的关系，从而从人际关系网络中获得关注和支持。向外拓展，往往意味着接下来要做的事情和此前所做的事情是不同的。每个人自身的力量都是有限的，要想更好地生存，的确需要向外拓展。从生活的角度来说，我们常常需要得到他人的照顾，也需要在情感上或者精神上向他人寻求依赖。从工作的角度来说，现代职场分工越来越细，专业化越来越强，所以每个人都要各司其职，做好自己的本职和分内工作。这使得一个人很难面面俱到地做好所有事情，总会遇到自己不擅长或者陌生的领域，每当这时，就需要向他人寻求帮助、寻求支援。

同样是工作，不同的人状态不同。有极少数人是在家族企业里工作，那么个人关系网与社交网络就会出现一定程度的重叠。大多数人工作的领域与生活的领域都没有交集，所以个人关系网只覆盖家人与朋友，而社交网络则更多地覆盖工作中的同事、上司、下属和客户等人。

曾经，管理者希望在工作的环境中建立至高无上的权威，能够让所有员工都对自己言听计从。现在，管理者追求的是与下属和谐共处，以良好的沟通打开下属的心扉，从而营造友好的团队氛围。时至今日，尽管依然有很多管理者把解雇员工作为自己表现权威的一种特殊方式，但是大多数管理者都已经认识到只靠着强权压制是不能做好管理工作的，真正合格的管理是让下属心服口服，这样才能形成团队凝聚力。

当然，我们也不能从这个极端走向另一个极端，即过度讨好员工，渴望受到所有员工的欢迎。对管理者而言，当管理的目标变成得到所有员工的认可和欢迎时，他们就会变得越来越软弱，根本没有管理的威严可言。这是因为当管理者以受到员工欢迎为管理的目标时，就会表现出妥协的态度，会刻意回避他人的不良表现，说服自己接受那些没有按时完成工作的员工讲述的蹩脚借口。这显然很糟糕，意味着管理者接受了员工的失败，也接受了自己在从事管理工作过程中的失败。

即便想要受欢迎会带来如此可怕的负面作用，管理者也不能以让员工恐惧的方式来树立自己的威望。在历史上，那些独裁者正是这样对待人民的，所以他们才会最终走向没落。

那么，管理者具备领导力的奥秘究竟是什么呢？正确答案是信任。领导者必须获得下属的信任，在下属中构建起有效的支持网络，才能未雨绸缪，为自己的管理工作奠定坚实的基础。这样的基础要想根深蒂固，这样的支持网络要想不被撼动，就必须以信任为根基，让所有人都拥有共同的利益。由此可以得出结论，信任才是领导力诞生的沃土。

每个人都要养成良好的习惯，才能自然而然地完成向外拓展。虽然我们很容易就能拥有美好的愿景，希望自己拥有专业人员的助力，构建良好的人际关系，但是真正要实现这一点却是很难的。具体来说，我们要做到以下几点。

首先，要与他人之间建立彼此信任的关系。尊重和相互信任是人际相处的基石，如果人与人之间相互猜忌，做任何事情都对他人怀有戒备和提防的心理，那么就会导致人际关系越来越紧张，甚至根本无法建立良好的关系。

其次，要能够积极地倾听他人。很多人误认为沟通是以主动表达开始的，事实证明，这纯粹是对沟通的误解。真正的沟通始于倾听。举个简单的例子来说，原本彼此陌生的两个人，其中一个人如果想要与对方攀谈，那么就要了解对方。那么，如何才能了解对方呢？自然是以抛砖引玉的搭讪方式打开对方的话匣子，在对方兴致盎然地诉说时，一定要控制住自己插话的冲动，这样才能获得关于对方的更多信息。在倾听的过程中，还要及时地给予对方回应，例如以简单的"嗯""啊"表示认可，或者是以点头等肢体动作表达自己的赞同。相信在我们这么做之后，对方会更愿意诉说心里话，这样我们就能拉近与对方的距离。

再次，要给予有价值和有意义的积极回应。所谓沟通，至少要有双方参与。很多人认为回应就是机械地点头，或者是表达自己对于某件事情的观点。其实不然。所谓积极的回应，指的是回应能够满足对方的心理需求，安抚对方紧张焦虑的心，能够让对方获得安全感。例如，在婚姻生活中，很多夫妻都因为沟通不顺畅而闹矛盾，甚至有些夫妻选择了离婚。这是为什么呢？是因为他们不懂得积极回应的意义，所以在沟通的时候常常出现对牛弹琴的窘境。很多妻子之所以把自己的烦心事告诉丈夫，并不是为了得到真正有效的解决方案，而只是以抱怨的方式发泄不满，想要得到丈夫的理解和接纳。但是偏偏男性的思维模式和表达方式都与女性不同，对于妻子的倾诉，作为丈夫第一反应就是思考该如何解决。最终，没有得到丈夫积极回应的妻子心灰意冷，这样的负面情绪不断累积，妻子当然会对婚姻、对丈夫失望至极。

最后，要心怀感恩。一个人如果总觉得对人生不满，就不会以积极的态度拓展人生。反之，只有那些心怀感恩的人才会拥有充满阳光的心态，不管是面对生活中的人还是事情，都能感受到美好的一面。

韧性思维

在风雪交加的一个冬天,一个男孩艰难地往前走着。他衣着单薄,一只手揣在口袋里,一只手上拎着一个看起来很重的筐。筐里装着各种各样的日用品,原来,男孩正在挨家挨户兜售日用品。他没有父母,从小和爷爷奶奶一起长大。如今,爷爷奶奶老了,他上学需要很多钱,就只能趁着假期自己赚钱。此时此刻,他又冷又饿,心中生出了放弃继续求学的念头。如果出去打工,非但不用缴纳昂贵的学费,还能养活爷爷奶奶呢!

他走了很远的路,终于来到了一户人家门前。他伸出已经冻僵了的手,叩响了门。过了一会儿,门开了,一个年轻的女孩问道:"请问,你有什么事情吗?"男孩生怕被拒绝,赶紧说:"请问,我可以要一杯热水吗?实在太冷了。"女孩点点头,让男孩稍等片刻,就转身回到屋子里。几分钟之后,女孩端着一大杯热牛奶回来了。男孩很局促不安,对女孩说:"很抱歉,我没有钱给你。"女孩笑着说:"不要钱。奶奶说,赠人玫瑰,手有余香,我很荣幸能帮到你,这就是最大的快乐。"男孩捧着牛奶一小口一小口地喝着,很快,他感到自己全身都暖和了起来,心底也充满了希望。他默默地想道:"我还是要坚持学习,这样才有能力帮助他人。"后来，男孩发奋苦读，成了一名医生，从事着救死扶伤的工作。

在这个事例中，身处绝境、饥寒交迫的男孩原本已经动摇了，却因为得到了女孩的帮助，感受到了女孩的善意，而再次鼓起了信心和勇气，充满了希望。正是因为如此，他才能下定决心向外拓展人生，最终以勤奋苦读的方式改变了自己的命运，造福他人。

○ 韧性思维

建立良好的人际关系

信任，是人际关系的基础。只有建立信任，人与人之间才会形成良好的人际关系。不管是在生活中还是在工作中，人人都想置身于良好的人际关系中，这样才会感到如鱼得水。尤其是在职场上，如果同事之间彼此信任，精诚合作，那么就能发挥最大的力量，完成最艰巨的任务。反之，如果同事之间没有最基本的信任，那么哪怕只是进行小小的合作，都需要签署协议，整个公司就会陷入停滞状态，一切事情都会进展缓慢，从而使得公司的运营效率极其低下。由此可见，在公司内部，不但要有规章制度作为同事之间彼此配合、进行合作的规范，还要相互信任，才能推动工作顺利进行下去。

从个人的角度来看，我们必须信任同事，相信同事是言必出行必果的。然而，这样的信任会给我们带来危险，即我们必须依靠同事才能完成某些工作。不过，我们无须为此而感到担心,因为同事同样必须依靠我们才能完成某些工作。从积极的角度来看,我们与同事之间将会因为彼此依靠而形成良好的合作关系。从消极的方面来看,我们与同事之间一旦发生利益冲突,就会以拒绝合作的方式彼此制约,相互牵制。所以说,信任既是彼此工作的助力,也是彼此的弱点。在任何团队中,信任都是以这样矛盾的方式存在和呈现的。如果一个人是无所不能的,仅凭自己的力量就能完成自己所有想做的事情,那么他就不需要加入团队。试想一下,如果所有人都是完全独立的,那么世界上根本不会有团队的诞生。

对一切形式的人际关系而言,信任都是有超强作用的黏合剂。在公司里,正是因为同事之间彼此信任,整个公司才能成为不可分割的整体,所有公司的成员也才会拥有共同的目标。即使放眼社会,信任也同样是不可缺少的黏合剂。只是因为一直以来都习惯了与他人之间彼此依赖,所以我们才不会意识到信任的存在和信任的重要性。哪怕是对陌生人,我们也要有基本的信任,这样才能维持与陌生人之间的关系。例如,下班之后,我们去一家新开的熟食店购买加工好的肉类食品,那么我们在观察这家店铺的情况之后就会选择信任店主，从而做出购买行为。否则，如果我们不能信任初次见面的店主，就不会放心地购买店主售卖的肉类食品。可见，社会上的陌生人之间也是需要信任的，如果没有最基本的信任关系存在，那么很多事情都无法得以实现。

人是群居动物，每个人都是社会中的一员，都需要与其他社会成员之间建立关系。一般情况下，以信任关系为基础缔结的人际关系是很牢固的，很难遭到破坏，更不会轻易地彻底破裂。具体来说，以信任为基础的人际关系可以分为以下几种。

第一种，讲究信誉。很多朋友都看过《乔家大院》，那么就会对以乔致庸为代表的晋商印象深刻。作为商人，乔致庸是非常讲究诚信的，因而在商业领域中建立了信誉。正是因为如此，他才能把生意越做越大，使自己最终成为商界的传奇人物。

需要注意的是，人总是习惯于从自身的角度出发考虑问题，所以在讲究诚信方面，我们单方面地认为自己很有信誉是不够的，还要考虑和照顾到合作伙伴的利益，这样才能得到合作伙伴的至高评价，成为真正讲信誉的人。

第二种，缔结同盟。早在远古时代，我们的老祖宗就会结伴狩猎，这是因为个人的力量是有限的，无法与猛兽对抗。大家结伴去狩猎则声势浩大，很容易就能战胜猛兽，或者吓跑猛兽。由此可见，个人生活的交集催生了友谊，信誉的加持则使商业关系更加稳固。在人际交往中，人人都喜欢亲近那些志同道合的人，因为这样才能齐心协力地做好事情，因为有着共同的信仰和相似的思维方式，所以彼此沟通起来毫无障碍，更容易相互理解、相互支持。

通常情况下，共同点越多的个人越是愿意结成同盟。这是因为他们有更多的共同话题，也在针对一些事情发表见解的时候能够彼此认同。不仅个人与个人喜欢结成同盟，国家与国家之间同样喜欢结成同盟。当然，前提是价值观相同，在大的方向上保持一致。在职场中，有些人则因为能够在专业上彼此支持而结成同盟。所谓强强联手，正是如此。

第三种，没有私心。与那些自私的人打交道，我们只能与他们进行交易，而不能与他们成为朋友。当然，如果自私的人有原则，也是可以进行商业合作的。但是，当朋友总是要乐于奉献和甘心付出的，所以自私的人不适合当朋友。我们很容易能看出哪些人是真正热忱的，而哪些人只是出于某种利益需求才会与我们交往。

第四种，共同承担风险。人与人之间的关系越是坚固，越是能够共同承担风险。然而，对极其自私的人来说，哪怕是原本牢不可破的关系，在利益面前也是脆弱的。例如，有些父母狠心地丢掉患病的婴儿，有些夫妻在家庭遭遇各种风险时一拍两散。风险越大，我们建立关系和维护关系就会越慎重。正是因为如此，风险也成为很多关系的试金石。

当然，良好的人际关系还有很多其他的形式。具体要采取怎样的方式建立关系，既取决于当事人，也取决于建立这种关系的目的和意义所在。

结识生命中的贵人

如今正处于社交媒体时代，很多人的朋友圈里密密麻麻都是人，其中有很多人与他们素未谋面，也不知道是在怎样的机缘下加了好友。为此，很多年轻人多了一件要做的事情，那就是定期清理微信好友。在网络平台上，还推出了可以定时清理假好友的软件，即把一条信息群发给所有的微信朋友，这样就会知道自己已经被谁删除了。对于那些有幸留在朋友圈里的好友，我们则时常关注。尤其是在节假日，很多人煞费苦心、不辞辛苦地做了一大桌子美食，最大的动力居然是发朋友圈。一旦更新了朋友圈，大多数人都会时不时地打开手机看一看到底有谁给自己点赞了。从心理学的角度来说，被史多人点赞能够满足我们的虚荣心，也能刺激身体分泌更多的多巴胺。然而，这种社交关系并不是有效的。很多名义上的朋友仅限于在朋友圈里互相点赞，还有些朋友甚至懒得点赞。

○ 韧性思维

那么，怎样的人际关系才是有效的呢？有效的人际关系可以从两个方面界定，一则是与工作领域相关，二则是与生活领域相关。有些朋友只存在于我们的生活领域或者是工作领域，有些朋友则在这两个领域都与我们产生交集，因而关系更加密切，往来也更加频繁。

现代社会中，很多人都特别依赖网络。不管是在学习还是在工作，抑或是在休息，他们总是时不时地拿起手机，想要看看是否有更新的朋友圈，或者看看某个人有没有给自己的朋友圈点赞。在感到辛苦疲惫的时候，这么做的确可以在精神和情感上支持我们，让我们暂时摆脱繁重的工作。在经过短暂的休息后，我们又可以满血复活，积极地投身于工作之中。可见，适度地使用网络，对于保持韧性思维是很重要的。但是凡事皆有度，过度犹不及。如果在正常生活中过度依赖网络，那么我们就会每时每刻都想打开网络，或者浏览无关的网页，或者沉迷于小视频，这当然是会玩物丧志的，必然影响正常的生活和工作状态。

与其把大量的时间和精力耗费在网络世界里，不如多多投身于现实的社交活动中，说不定在机缘巧合之下就能结识生命中的贵人呢。当然，为了结识贵人，或者与贵人保持联络，我们还是可以适度使用网络的。接下来，就让我们看看到底有哪些人可以列入贵人的队伍吧！

职场上官职制度森严，所谓官大一级压死人，也是适用于职场的。所以人在职场，非必要情况下切勿与顶头上司闹矛盾，最好能够与顶头上司建立友好的关系，这样在有好机会的时候，你就有更大的可能性得到机会。有些职场新人是不折不扣的愣头青，不管三七二十一，也不讲究方式方法，就敢和领导对着干。这么做，最终只会苦了自己。

要想在职场上混得风生水起，不但要有高智商，更要有高情商。情商高的人能把话说得好听，也能让人把话听进去，从而达到目的。反之，情商低的人则因为说话难听在不知不觉间就得罪了人，自己却浑然不知，无形中就给自己的职业生涯发展设置了障碍。

在职场上，还要多多向经验丰富的老员工请教。虽然我们在大学里学到了很多理论知识，但是在真正进行实践的时候，还是会感到两眼一抹黑，不知道该如何用理论联系实践解决问题。在这种情况下，如果有人能够提醒我们该怎么做，要注意哪些事情，那么我们就会如鱼得水。

除此之外，一定要有好搭档。没错，搭档也是我们的贵人。不管从事哪个行业，也不管做什么工作，只靠着一个人的力量都是很难做出成就的，我们必须为自己结交好搭档，这样才能一起努力，一起成功。在与搭档合作的过程中，不要因为小小的利益就争得面红耳赤。利益只是暂时的，良好的合作关系却能使我们长久获益。做人一定要有远见，才不会鼠目寸光，为蝇头小利而得罪人。

最后，还要结交有影响力的人。所谓有影响力的人，并不特指某个人或者某种人。在公司里，有影响力的人也许是有威望的老员工，也许是对公司做出过特别贡献的人，也许是负责某个重要部分的管理者。总之，这些人很有权威，在公司里得到很多人的尊重。与他们结交，我们就有机会认识更多人。此外，他们也可以给予我们一些指导和建议，让我们少走弯路。例如，在公司里，大多数人都要与人力资源部的主管和财务部门的主管打交道，所以这两个部门的主管都是很有威望的，也会积累丰富的人脉关系。

还需要注意的是，所谓的贵人，并非特指身居高位或者肩负重要职责的人。只要是能够帮到我们的人，就都是贵人。然而，在真正需要贵人帮助之前，我们并不知道谁会帮到我们。所以人在职场要时刻坚持以和为贵的原则，既不要对位高权重者阿谀奉承,也不要对位卑者不以为意。有的时候,就算是负责打扫卫生的阿姨也有可能帮到我们,所以友善地对待每一个人,才是上上策。

第四章

坚持个人高效管理，充实度过每一天

具有韧性思维的人，始终能坚持个人高效管理。他们不但会制定长远的规划，而且会制定每日日程，坚持充分利用时间的原则，每时每刻都保持学习的良好状态。正是因为如此，他们才能充实地度过生命中的每一天。

每个人都要给自己"充电"

作为大城市的上班族,每天都重复着相同的工作难免会感到厌倦。为了给职业生涯注入新鲜的血液,也为了给自己充电,每个人都应该坚持学习,这样才能时时常新,以崭新的状态面对和融入工作。当然,也要注意劳逸结合。很多职场人都是拼命三郎,为了尽快在工作上做出成就废寝忘食,为了给自己的人生添砖加瓦,就如同陀螺一样连轴转。其实,长久处于紧绷的状态是不利于学习的,最重要的是要张弛有度,既要学习,也要放松,这样才能保持清晰的思维,才能具备创造力。

如今,各行各业都提倡可持续性发展,人更是应该看重自身的可持续发展力。任何人都不可能如同机器一样24小时不间断地工作,更不可能在长久的高强度劳动中始终保持良好的状态。既然如此,我们就要有意识地调整工作的心态,合理安排工作的进度,从而让工作保持更好的节奏。

○ 韧性思维

一般情况下，很多职场人士在产生倦怠感之后，都会将其归咎为自身的性格原因。其实不然。大多数职场人士的倦怠感是因为工作性质导致的，可以大概总结为以下原因。

第一个原因，没有明确的目标。销售行业的从业人员可以为自己制定明确的工作目标，那些从事体力劳动的人也能对一天的工作进行量化。然而，某些领域的专业人士和管理人员很难用某种标准来衡量自己一天的工作成效。例如，我们可以计算自己一天之中码了多少字，见了几个客户，打了多少个电话联系业务，但是却很难衡量工作汇报是否能让上司感到满意，会议是否取得了预期的成效，电话沟通的效果如何，等等。没有明确目标的工作，往往使人产生错觉，即觉得自己的努力并没有如同预期那样取得良好的效果，因而内心很沮丧失落，也就不可能获得成就感和继续努力的动力。

第二个原因，对于工作没有自豪感。在职场中，有些人仅仅把工作作为养活自己而迫不得已进行的一件事情，又或者因为不喜欢自己从事的工作，因而对于工作毫无自豪感可言。在长久的坚持中，他们心不甘情不愿，自然会对工作感到不满。相比之下，那些拥有工作自豪感的人，心中始终怀有理想和信念，因而哪怕工作很辛苦，需要付出很多心力，他们也乐此不疲。从这个意义上可以看出，工作带给人的不仅仅是金钱的报酬，更多的是成就感和自豪感。相比起金钱上的收获，精神上的愉悦和满足将会提供更加持久和强劲的动力，使我们无怨无悔地从事自己选择和热爱的事业。

第三个原因，职场上的内卷现象。很多应届大学毕业生原本对于工作满怀憧憬，却发现现实中的工作和自己预想的完全不同。原本，他们认为工作是光鲜的，每天穿着打扮入时，出入高档写字楼，打卡上班，按时下班。然而，现实却是就算到了规定的下班时间，也没有同事离开自己的工位，只有等到天色越来越晚，领导终于下班之后，大家才会火速收拾背包离开。偏偏有些领导特别喜欢加班，明明五点半就能下班，他们却要坐在办公室里等到七点才离开。如此一来，大家只能全员加班，偶尔有特殊情况需要早点下班的同事则如同做贼一样特别心虚，生怕自己因为早下班遭人非议，给领导留下糟糕的印象。现代社会中，内卷的情况特别严重，不仅学校里的学生被严重内卷，职场上的人也同样遭遇内卷的困境。尤其是好工作很难得，竞争异常激烈，因而就更是要谨小慎微，才能保住得来不易的饭碗。

○ 韧性思维

第四个原因，现代社会过于发达的科技，使很多人哪怕下班了，也依然逃无可逃。在科技如同坐了火箭一样飞速发展的时代里，很多人再也无法借着下班的理由为自己开脱。只需要领导的一个电话，我们就得回到办公室里点灯熬油地加班；只需要客户的一个邮件，我们哪怕正在度假也必须当即召开电话会议，为客户解决燃眉之急。有些人不禁开始怀念过去的时代，在那个时代里并没有一种被称为手机的东西，一旦下班了，领导就无法在第一时间把下属叫回来工作。作为普通的职员，下班之后就能全身心地放松和休息。遗憾的是，这样的好时候一去不返了。现代社会中，绝大多数人都要随时工作，随时听从领导的召唤，这也使他们无法身心放松，日久天长必然疲惫不堪。

第五个原因，失控的工作环境。对于工作，很多人都产生了无力感和失控感。这是因为大多数人都必须以合作的方式完成工作，合作越是精细，就意味着工作中的不可控因素变得越多。所以有些人哪怕已经拼尽全力对待工作了，也依然无法得到自己想要的结果。此外，工作和生活失去了界限感，很多人哪怕回到家里也依然要对着电脑工作到很晚，有的时候甚至接连几个星期都没有周末可言，只能以连轴转的方式赶工。可见，我们不但失去了对自己的控制，也失去了对工作的控制。长此以往，身体就会感到越来越疲惫。

总之，职业倦怠感的产生是一个漫长的过程，是由工作过程中的各种不如意和持续的劳累状态导致的。正所谓水滴石穿，绳锯木断。现代职场上，员工因为连续加班或者一直承受巨大压力而猝死的事情时有发生，这也给每个人都敲响了警钟。不管从事什么行业，也不管具体负责什么工作，我们都一定要关注自己的身心健康，这样才能以良好的状态保持可持续发展。

○ 韧性思维

学会管理自己的精力

　　弗雷德里克·泰勒被誉为科学管理之父，他首次提出了日常精力管理的概念，使越来越多的人意识到日常精力管理是非常重要的。在职业生涯中，很多人都忽略了对自己进行日常精力管理。他们也许记得要确立远大的目标，也记得要制订实现目标的可行计划，还记得规划自己在一段时间内的工作，唯独忽略了不仅一年之计在于春，而且一日之计在于晨。对任何人而言，不管目标多么远大，当下所需要做到的就是充实地度过每一天。

　　对所有人而言，一天的时间都是有限的，只有24小时。当然，我们不可能把24小时都用于工作。在一天之中，我们除了需要用8小时来睡觉，还需要用2小时来吃饭。除此之外，我们在工作的间隙里还需要休息，在工作之余还需要进行一些娱乐休闲活动，这些都是需要时间的，可以将其暂定为2小时。如此一来，我们的24小时只剩下了12小时。作为

第四章 坚持个人高效管理，充实度过每一天

社会的一员，作为家庭的成员，我们还需要为家人准备一日三餐，和朋友、同事等人进行社交活动。如果把这些时间规划为4小时，那么我们就只剩下8小时工作时间。当工作过于忙碌，我们就要从其他事情中挤出时间，例如压缩睡眠时间，取消社交活动，把做饭改为去餐馆吃饭或者点外卖等。这样可以节省一部分时间。即便如此，我们也不可能在所有的工作时间内全力投入工作，否则很快就会感到倦怠。

每天，每个人需要做的事情都很多，琐碎的事情无形中消耗了我们的时间和精力，这意味着我们必须有计划地度过一天，才能按照计划合理地分配时间和精力，让时间和精力发挥最大效力。

在20世纪，泰勒一直致力于研究如何提高工人的劳动效率。为此，很多工会和工人都对泰勒心怀不满。曾经，泰勒以生铁搬运工的工人作为研究对象。在此之前，每个生铁搬运工每天能处理大概12吨生铁。泰勒以工人施密特作为研究对象，发现施密特在工作的过程中很少休息，因而在工作一段时间后便精疲力竭，却依然勉强支撑。泰勒没有鼓励施密特继续加油工作，而是建议施密特每工作1小时，就休息5分钟。对于泰勒的建议是否能有效地缓解疲劳，施密特半信半

疑。他认为，工作1小时只休息5分钟相当于杯水车薪，并不能帮助自己恢复精力。然而，泰勒是专家，施密特作为研究对象只能按照泰勒说的去做。就这样，施密特不再竭尽全力工作。每工作1小时，他的疲劳程度还没有达到顶峰，就被强制休息5分钟。虽然5分钟的时间转瞬即逝，却在很大程度上缓解了他的疲劳，使他哪怕继续工作1小时，也依然不会达到疲劳的巅峰状态。如此一来，和以往工作一段时间后就备感疲惫不同，施密特在长达一天的时间里都没有产生耗尽全力的感觉。让他感到惊喜的是，一天下来，他居然处理了48吨生铁，是此前每天工作量的4倍。就连施密特都不敢相信自己的工作效率居然这么高，最重要的是，他并没有和此前的每一天那样感到万分疲惫。

其实，泰勒的管理原则是很简单的，即哪怕工人还没有感到疲惫，也要强制要求工人在每工作1小时之后，必须休息5分钟。与此同时，他还缩减了工人每天的工作时间。在泰勒进行研究之前，工人每天工作的时间长达10小时，有些工人为了赚更多的钱，甚至主动工作到12小时。但是，泰勒要求他们只工作8.5小时，因为他认为8.5小时是工人能够保持专注和高效工作状态的极限时间。通过开展实验，事实证明泰勒的管理方法是卓有成效的。在获得充足休息的情况下，工人们的生产效率大大提升。

在工作的过程中，我们也可以运用这个原理，采取轮班工作的方法让自己得到充足的休息，也创造出更大的价值。如果你只是普通员工，而非管理者，不能决定公司是否采取轮班工作，那么你可以为自己做主，在每工作1小时后就休息5～10分钟。俗话说，磨刀不误砍柴工，休息5～10分钟恰恰能够帮助我们养精蓄锐，使我们在继续工作的时候保持专注，全身心投入，工作效率自然大幅度提升。

很多朋友都曾经看到过醉酒的人糟糕的模样，心理学家经过研究发现，当人长期处于疲劳的状态中，那么他们的表现并不会比醉酒者好多少。正是因为如此，对于那些需要专注才能做好的工作，管理者会要求当事人必须每隔一段时间就进行休息。例如，驾车在高速路上行驶的司机，每工作4小时就必须休息一段时间，或者与其他司机轮班工作。否则，他们就会因为极度疲劳出现无法保持专注、注意力涣散等情况，使发生交通事故的概率大大提升。

在必须长时间工作的情况下，我们要学会合理安排工作。例如，在一天之中精力最充沛的上午，优先完成那些重要且紧急的工作和需要全神贯注才能做好的工作。等到下午精力不济的时候,再来做那些不重要的事情。如此一来,我们就能降低在工作上出错的概率,保证工作的效率和质量。

在全身心投入工作之前,我们最好能够预先做相关的准备,即排除干扰,避免被那些计划内和计划外的意外中断工作。否则,我们就又需要一段时间才能进入良好的工作状态。总之,每个人的时间和精力都是有限的,对待工作最好的方式就是全力投入,缩短工作时间,这样才有更多的时间用于休息。在工作的过程中,只有勇气和蛮力是远远不够的,我们要学会聪明地工作,才能既保证工作的效果,又保证自己得到休息。

健康的身体是革命的本钱

正如一位伟人所说的，身体是革命的本钱。毋庸置疑，这里所说的身体指的是健康的身体。一个人不管做什么事情，健康的身体都是最大的资本，否则因为身体上的病痛而受到折磨，影响了自身的活动能力，就必然导致很难完成很多事情。现代社会，生存的压力越来越大，职场上的竞争日益激烈，这使很多人为了获得更好的工作机会，为了争取进入更大的平台，必须非常努力，全力拼搏。然而，在废寝忘食之余，他们渐渐地忽略了身体健康，常常为了实现短期目标暂时把身体健康排在第二位。这使很多人都处于不同程度的亚健康状态，也有些人出现了身体各种部位的不适。如果身体向我们发出警报，我们还是无动于衷，不采取任何措施调理身体，那么身体状况就会越来越差。

近些年来，网络上时常曝光辛苦拼搏的打工人猝死的事件。其实，除因为身体原本就有疾病导致的猝死，大多数猝死者都是积劳成疾导致的过劳死。所谓过劳死，顾名思义是疲劳的程度长期超过身体承受能力而导致的。这是一个漫长的过程，而不是突然发生的，在此期间身体一定向我们发出了各种预警，只可惜都被我们忽视或者漠视了。太多人都仗着自己还年轻，身体好，而把工作放在首位，把身体健康放在第二位，这无疑是错误的排序。

不管处于人生中的哪个阶段，身心健康都是我们首先需要关注的，也是我们首先需要重视的。如果没有健康的身体，生命的质量就会大大下降；如果长期受到病痛的折磨，我们就没有机会完成人生中很多想做的事情。时间是生命的载体，如果生命所剩下的时间不多，我们对生命还能有什么奢望呢？由此可见，活着才是最根本的，而健康地活着则应该是我们永恒的人生目标。

生在和平年代，我们要尽自己的能力创造价值，为社会做出贡献，这样的存在才是有意义的。反之，如果如同行尸走肉一般苟延残喘，那么就是虚度人生。为了保证身体健康，让生命力最大限度地延长，我们要关注生活的细节，让自己变得越来越强健。

俗话说，民以食为天。要想身体健康，首先要保证营养均衡。很多人特别挑食，只愿意吃自己爱吃的食物，而对于自己不喜欢吃的食物，他们就会拒绝。其实，人体每天都要消耗很多能量，也需要摄入充足的营养，这样才能保持平衡状态。如果长期摄入不足，身体就会越来越消瘦，体质也会越来越差。反之，如果长期摄入超出身体所需的能量，身体就会越来越肥胖，体质同样会变得越来越差。只有保持平衡状态，身体才能处于最佳状态，那么就一定要摄入充足且均衡的营养，既不要缺乏营养，也不要营养过剩。

随着健康意识的增强和生活水平的提高，现代人越来越重视养生。那么，在摄入食物中，就要讲究荤素搭配，让各种不同的营养保持合理的比例。如果说在忍饥挨饿的年代里，人们的追求是吃饱肚子，那么在物质极大丰富的年代里，人们的追求则成为吃得健康。

其次，和摄入食物一样重要的，是充足的休息。人不但每天都要吃饭，而且每天都要休息。曾经有科学家进行过实验，发现人如果长时间不睡觉，那么身体就会出现应激反应，人的情绪和心理也会濒临崩溃。这一点从婴儿身上就可以得到验证。初生的婴儿每天除了吃饭，就是睡觉，因此会肉眼可见地长大，这充分说明吃饭和睡觉是同样重要的。作为成年人，

○ 韧性思维

也许会因为各种原因导致晚上睡眠时间不足，那么要学会合理地安排生活和工作，在某个夜晚缺乏睡眠的情况下，及时地提早下一日的睡觉时间，从而消除困倦感。此外，也可以利用白天中午进行短暂的午休，这样下午就不会过于困倦。需要注意的是，一定要控制好午睡的时间，不要睡得过久，否则当天晚上就会失眠。总而言之，每个人都很熟悉和了解自己的身体，所需要做的是关注自己的身体情况。当有了健康意识后，相信大家都能在吃饭和睡觉方面满足自身的身体需求，让身体得到充足的营养和休息。

再次，除睡觉外，还要以其他方式进行休息，即休闲娱乐。一提起休息，很多人就误以为休息就是睡觉。其实，睡觉就像吃饭，一旦吃饱了就不想再吃了，在得到充足睡眠的情况下，很少有人愿意继续睡觉。如果说睡觉满足了生理需求，那么休闲和娱乐则能够满足人的精神和情感需求。大多数人在工作的过程中都非常拼搏努力，因而也会感到疲惫和倦怠。在这种情况下，他们需要的并不是睡眠，而是一些娱乐活动，从而缓解自己紧张的情绪，让自己彻底放松下来。例如，学校为孩子们安排了各种课程，既有主课的学习，也有副课帮助孩子们发展综合素质，还有课间让孩子们玩耍。

有些孩子虽然上课的时候昏昏欲睡,但是一到下课的时间就精神抖擞,和同学们一起做游戏,说说笑笑。在整个课间,他们的精神变得越来越振奋,等到下节课也就不会困倦了。孩子在学习的间隙需要休息,成人在工作的间隙也需要休息。只有做到劳逸结合,才能活跃精神,全力以赴地投入学习和工作。

最后,一定要坚持体育锻炼。很多现代人都不愿意进行体育锻炼,一有时间就抱着手机躺在床上,或者无所事事地浏览八卦娱乐新闻,或者百无聊赖地看视频。这么做的结果就是体质变得越来越差,而且体力衰弱。与其把宝贵的时间浪费在网上,不如积极地进行体育锻炼。坚持体育锻炼不但能够增强体质,而且可以唤醒身体,让身心都充满活力。

在伦敦警察厅,年纪轻轻的艾伦已经成了探长,而且执行过很多艰巨且危险的任务。每次出警执行任务,艾伦都会面对很多混乱的事情,也有可能遇到形形色色的人。总之,警察的工作完全是未知的,每次发生危机事件,警察都要冲锋在前。对于那些常人无法接受的恶性事件,警察却要最大限度地接纳。在警察的心中,很多事情并不是非黑即白、非

韧性思维

对即错,而是处于灰色地带的,也处于模糊不清的状态中。正是因为如此,警察才被认为是高风险职业。在工作时间方面,警察虽然有上班的时间要求,却没有下班的时间规定。一旦发现违法犯罪活动,警察就要第一时间赶赴现场,处理情况。可想而知,年纪轻轻就当上探长的艾伦是非常优秀的。

其实,艾伦也常常承受着巨大的工作压力,在连轴转的工作日常中,他也会觉得筋疲力尽。随着当警察的时间越来越长,他渐渐地领悟出一个道理,即必须保证自己的身体健康,也必须保证自己时刻拥有充足的体力。正是因为如此,他每天都坚持进行训练,而且每周还会专门抽出时间进行体能训练。在没有突发情况的日子里,他优先处理重要且紧急的事情,而且会在工作的闲暇时间里从事一些娱乐活动,例如和同事们打篮球。这不但能够帮助他放松绷紧的神经,还能够帮助他锻炼肺活量,增强体能。偶尔,艾伦还会和同事们一起下馆子,撸串、喝啤酒,享受难得的轻松惬意。在日复一日的坚持中,艾伦越来越适应警察的工作,再也不会觉得筋疲力尽了。

人的神经就像是一根松紧带，如果始终处于紧绷的状态，很有可能会失去弹性。只有在需要紧绷的时候绷紧，在可以放松的时候放松，松紧带才会始终保持弹性，张弛有度。越是从事那些令人紧张的工作，我们越是需要学会休息和放松，这样才能让紧绷的神经得到缓解，才能在未来发生突发事件的时候以最好的状态去应对。

在任何情况下，健康的身体都是做一切事情的本钱。很多天生残疾或者身患疾病的人最大的心愿就是拥有健康的身体，那么作为健康人，我们更要珍惜自己的身体，保护好自己的身体。

○ 韧性思维

精力充沛地度过每一天

时至今日,那些流行于一百多年前的管理原则,依然能够帮助我们管理好精力,并且使我们在日常生活和工作中有良好的表现。在一百多年前,这些管理原则极大幅度地提高了生产效率。在今天,这些管理原则依然可以帮助我们精力充沛地度过每一天。

接下来,我们就一起来看看那些行之有效的管理原则吧,对经常感到疲惫或者处于亚健康状态的人而言,只要坚持用这些原则管理自己的日常,一定能够取得令人惊喜的效果。

早餐一定要吃饱吃好。大多数现代人的生活紧张忙碌,他们根本没有时间准备营养丰盛的早餐,也没有时间安安静静地坐在餐桌旁享受丰盛的早餐。每天清晨,上学的孩子、上班的家长,不是行色匆匆走在路上,就是一边走一边吃着从路边摊买来的早餐。且不说在空气污浊的道路旁吃早餐是否卫生,路边摊的早餐质量也是堪忧的。很多路边摊都是小商贩,卫生条件根本不达标,而且有些商贩为了节省成本,还会购买劣质的食材。长期以这样的方式解决早餐问题,很容易患上胃病,或者吃坏肚子,也会导致营养不良。对上班族而言,与其睡到最后一刻才起床,不如早起20分钟为自己准备健康卫生的早餐。其实,早餐是丰盛还是简单,完全可以自主决定。例如,热一杯牛奶泡麦片,再吃个面包和鸡蛋,加上少量水果,就能实现营养均衡。再如,与其吃路边摊来路不明的肉包子,不如购买一些品牌的速冻水饺和包子,再利用蒸锅的预约功能,前一天晚上做好相关的准备工作。次日早晨一起床,就能吃到美味的带馅食品,再配上牛奶和水果,也是营养的早餐。喜欢喝粥的人,还可以提前一天晚上用电饭煲预约做粥。总之,对于不愿意随便应付早餐的人,总能想出好办法解决早餐问题。吃好早餐,才能开启元气满满的一天。此外,最好不要边走边吃早餐,给自己10分钟时间坐在餐桌旁享用早餐,一整天都会感到很从容。当然,午餐和晚餐也是同样重要的。俗话说,人是铁,饭是钢,就像汽车需要加油才能奔驰,人也需要吃饭才能充满力量。

○ 韧性思维

在一整天的工作中,要学会划分工作任务,然后在完成工作任务的间隙中进行适度的休息。有些人对待工作眉毛胡子一把抓,毫无秩序可言,工作的状态特别混乱和无序,自然也就不会有高效率。有些人则不同,他们很擅长规划事情,因而会对自己的工作时间和工作任务进行划分,也会按照轻重缓急的顺序合理安排好所有的事情。如此一来,他们就能有条不紊地做好每一项工作,而且还可以在完成一项工作之后心安理得地休息片刻。内心的放松使他们得到充足的休息,再投入到下一项工作任务时,他们就会如同满血复活一样神采奕奕。

在这里,我们必须避开一个误区,即不要等到特别疲惫时才休息。在没有感到特别疲惫的情况下,到了该休息的时间,就要按时休息。例如,每完成一个小任务,就奖励自己休息10分钟。或者,每工作1小时,就强制要求自己休息5分钟。不要觉得休息的时间都白白浪费了,换个角度来看,我们正是因为按时休息,才能全身心投入接下来的工作中。只要保证工作效率,我们就能如期完成工作,说不定还能提前完成工作呢。所以休息不是浪费时间,而恰恰是节省时间。

不要试图把每天所有的工作时间都用于工作,这是很难实现的。心理学家经过研究发现，按照每天8小时工作时间计算，大多数人能在5小时中保持专注的工作状态，就已经非常理想了。既然如此，就不要强求自己8小时始终争分夺秒地工作，而是要求自己至少在5小时中全力以赴投入工作，这样就可以用其他时间进行创造性的工作，例如发掘金点子，完成需要创意的工作，或者做一些可以放松大脑的工作等。一个人如果在工作的过程中始终能坚持每天全力投入工作5小时，那么他在工作上的表现肯定会非常突出，非常优秀。

需要特别注意的是，在这5小时中，一定要保持专注和高效。对于所有的工作来说，从业者是否专注和高效，对于工作效率的影响都是很大的。举例而言，文字工作者在文思泉涌的专注状态下每小时也许能写出几千字的作品，但是在三心二意的状态下，每小时可能只能写出几百字的作品。还有一个典型的表现是写作业。孩子如果专注地完成作业，也许只需要1小时；如果一边写作业一边玩，做小动作，那么完成同样多的作业很可能需要3小时。说服自己专注的理由是很充分的，即在全力以赴完成作业或者工作后，我们就可以利用其他时间心无旁骛地玩耍、休息。例如，父母可以承

○ 韧性思维

诺孩子在规定时间内完成作业,就有一个小时的快乐电脑游戏时间。当做出这样的承诺后,很多父母都会惊讶地发现,原来孩子能够那么高效地完成作业。再如,成人也可以允诺自己在5小时内专注地完成所有工作,就可以喝一杯奶茶,或者喝一杯咖啡,还可以和好友微信联络一下,保持感情沟通。总之,对大多数人而言,是时候见识自己专注工作的效力了。

每天进步一点点

韧性思维告诉我们,哪怕每天进步一点点,我们也要坚持进步。正如古人所说的,不积跬步无以至千里,不积小流无以成江海。任何伟大的事物都是由渺小的细节构成的,任何伟大的人物都是从默默无闻成长起来的。做人,既不要狂妄自大,得意忘形,也不要妄自菲薄,自轻自贱。哪怕只是一棵丝毫不起眼的野草,被所有人无视和漠视,我们也要努力地向上生长,不畏惧狂风,不畏惧暴雨。当终于结出种子,不管随风飘落哪里,我们都要用尽全力去扎根,在坏境中生存下来。野草虽然不能成为参天大树,却可以为这个世界贡献出属于自己的绿色和新意。

做人,也应该如同野草一样有顽强不屈的精神,有蓬勃发展的生命力。很多人一旦遭受挫折和打击,马上就会如同霜打了的茄子一样蔫头耷脑,对于那些原本有可能做好的事情,也会轻而易举地放弃。也有些人的表现截然不同,他

○ 韧性思维

们越挫越勇，越是遭遇失败越是表现出坚定不移的决心和毅力。正是有这样的精神，他们才能迎难而上，在逆境中创造奇迹，给人生更多的希望和更美好的未来。在这个世界上，成功者总是凤毛麟角，失败者却数不胜数，这不是因为成功者与失败者的天赋不同，而是因为他们对待失败的态度不同。没有谁的人生会是一帆风顺的，在漫长的生命旅程中，既有坦途，也有崎岖的道路，最重要的是不抱怨，坦然接受命运赐予我们的一切，对酸甜苦辣都心怀感恩。在很多情况下，我们不是在抗争命运，而是在和自己较劲。当想明白这一点，坦然从容地接受命运的安排，我们才能做到随遇而安，尽力而为，真正地掌控命运。

还有些人好高骛远，心比天高却命比纸薄，明明怀着远大的理想和抱负，却被残酷的现实打击，最终心灰意冷。其实，命运从来不是公平的，有的人含着金汤匙出生，有的人却出身贫寒，哪怕穷尽一生去努力，也未必能够达到他人的起点。然而，奋斗的结果并没有标准，每个人只要在自己力所能及的范围内去拼搏和努力了，就无愧于自己。反之，一个人如果能力很强，却始终不愿意发挥自身的能力缔造属于自己的人生，那么他们就会处于"躺平"的状态。在奋斗的路途中，很多人都在不顾一切地向前跑，如果始终安守本分，就会退步。正如人们常说的，人生如同逆水行舟，不进则退。如果我们能竭尽所能地奋斗，争取每天都有小小的进步，那么即便不能超越他人，至少也能保持稳定的进步态势，不会被社会远远地甩下，不会被其他的竞争者远远地超越。

人生如同白驹过隙，转瞬即逝，为了让短暂的生命绽放出永恒的光彩，我们就要努力拼搏和奋斗。不管自身的能力是强还是弱，我们都要有努力进取的姿态，而不要听天由命放弃努力。每个人都应该充实地度过生命中的每一天，这样才会拥有充实的一生，才不会在年华老去时因为曾经的碌碌无为悔恨。例如，那些有独特才华的人梦想着能够在某个领域做出伟大的成就；那些普通而又平凡的人则争取过好自己的小日子。就算是卑微到尘埃里的人，也有权利追求属于自己的幸福，在生命中的每一天如同小燕子筑巢一样，为自己的家添砖加瓦，为自己的人生增加分量。最近，电影《隐入尘烟》吸引了很多人的关注，也引起了很多人的讨论。对于电影呈现的生活场景，有些人表示质疑。然而，有过相似生活经历的人却很清楚，在世界上的某些地方，的确有人过着穷困潦倒的生活，仿佛陷入了生命的泥沼，无法挣脱。然

○ 韧性思维

而，即便如此，马有铁和贵英依然很努力地创造属于他们的生活。他们从一无所有地成家，几次因为拆迁而搬到更为破旧的地方居住，到打土坯建造起属于自己的家，终于结束了寄人篱下的生活，日子就这样一天天好起来。马有铁很心疼贵英，贵英也在马有铁献血的时候寸步不离地守护在马有铁身边。有人怀疑他们之间是否真的有爱情。的确，他们的爱情不像很多人的爱情那样轰轰烈烈、惊心动魄，但是他们真的有爱情，他们的一举一动、一言一行都在表达着对对方的爱。后来，他们还喂养了一些家禽，不但有了足够吃的粮食，还有了鸡蛋。正在此时，命运却再次狠狠地捉弄了他们，贵英失足掉入深渠里，就这样死去了。马有铁根本无法接受这个事实，他彻底地陷入了绝望之中，选择追随贵英而去。

看完这部电影，有人觉得太压抑、太绝望，有人却从中看到了马有铁和贵英顽强的生命力。他们深知自己很卑微，但是从未放弃活着。直到遇见彼此，他们的生命中就有了光，就有了希望。当看到马有铁在死去的贵英手上印上一朵小花时，有多少人忍不住热泪盈眶。如果马有铁和贵英都能活出不同的人生，我们又为何要选择放弃呢？

每个人都应该把坚持进步当成是人生中最好的习惯，因为在这种力量积累中，我们必然蜕变成自己都不认识的崭新模样。在这个浮躁的时代里，与其让各种各样的想法在自己的头脑里横冲直撞，我们不如坚定自己对人生的设想，脚踏实地地做好自己该做的事情。只坚持几天也许并不会改变什么。但是，当坚持的时间越来越长，改变就会悄然发生。改变自己，就从今天开始吧！

第五章

拥有选择的自由，是人生的至高追求

对于人生，每个人都有独属于自己的设想，有人希望能够实现财务自由，不为金钱而烦恼；有人希望能够实现时间自由，任何时候都能来一场说走就走的旅行；有人追求幸福，希望家庭幸福和睦，孩子健康成长；有人则追求名利，希望自己能够出人头地，享受至高无上的荣誉。其实，人生最高级的追求，是拥有选择的自由。只要拥有选择权，我们就能过自己想过的生活，创造自己想要的人生。

第五章 拥有选择的自由，是人生的至高追求

机会只属于有所准备的人

人人都知道，一旦抓住了千载难逢的好机会，奔向成功的旅程就相当于抄了近路，走了捷径。原本漫长的旅程缩短了，原本泥泞的道路平顺了，原本不那么友好的人际关系和谐了。哪怕是遭遇风吹雨打，哪怕是被如同烈火一样的骄阳炙烤着，那些好不容易才抓住好机会的人，也绝对不会轻易放手。因为他们很清楚，好机会可遇而不可求，一旦错过了这次的机会，可能就再也没有这样的好运气了。其实，把获得好机会的青睐归因于运气是不对的，这是因为，机会只青睐有准备的人，而不青睐那些天天梦想着好运降临的人。人们常说的越努力、越幸运，正是这个道理。

日本大名鼎鼎的作家村上春树，就非常看重机会，会想方设法抓住一切出现在生命中的机会。在学生时代，村上春树从来不是老师眼中的天才，甚至算不上好学生。后来，他以中等偏上的成绩考上了早稻田大学，却认为学习是很无趣

的。借助于学习的机会,村上春树进行了大量阅读。早在高中时代,他就开始阅读英文原版小说。也许正是因为始终坚持阅读,他才能为日后的写作奠定坚实的基础,做好充分的准备。

因为没有钱,村上春树经常去二手书店购买二手英文原版书,这样就能够节省很大一笔开支。他读书并没有一定之规,时而读科幻小说,时而读侦探小说,时而读文学作品。就这样,他囫囵吞枣地阅读了很多英文原版小说,虽然并没有有效地提高英语成绩,却使他在未来坚持写作变得可行。

在他读大学期间,早稻田的学分制度是很宽松的,学生只要取得相应的学分,就能顺利地拿到毕业证。虽然大多数人都选择了完成学业——找工作——成家的人生顺序,但是村上春树偏偏不走寻常路。大学还没有毕业呢,他就结婚了,这是典型的先成家。迫于生计,他没有充足的时间修满学分,就开始工作。因为不喜欢按部就班的职场生活,他开了一家唱片店,专门售卖爵士唱片。此外,他还打破常规,在爵士唱片店里提供简餐,诸如简单美味的菜肴、酒类和咖啡饮品等。这样的经营模式如今为很多书店借鉴,可谓是有先见之明。就这样历时三年之久,村上春树才在工作之余修满了学分，拿到了毕业证书和学位证书。

说起村上春树，很多人的脑海中都会浮现出他小资的生活状态。其实，在青春时期，村上春树的生活非常艰难，还经常从事繁重的体力劳动。他和妻子的家里更是非常节俭，在寒冷的冬日里只能和猫咪紧紧依偎，互相取暖。

直到1978年4月，村上春树才在观看球赛时偶然想到自己可以写作。自此，他的人生中仿佛照射进来一缕希望的光芒，在看完球赛之后，他当即就购买了笔和纸，揣着一颗激动的心开始了创作。因为白天里要忙于生计，他只能利用夜晚的时间坐在餐桌前写作，条件非常艰苦，但是他从未想过放弃。

半年后，他把自己的第一部作品《且听风吟》投给了《群像》杂志。对于最终的结果如何，他没有抱太大的希望，最终却获得了极大的惊喜。原来，这部作品一路上过五关斩六将，居然入围了当年新人奖的决赛，获得了新人奖。从此之后，村上春树继续利用闲暇时间进行写作，在有了小小的成就之后，更是索性全职写作，正式拉开了创作生涯的序幕。

在了解了春上春树成为作家的历程之后，我们会发现

○ 韧性思维

他成功的道路是充满坎坷的，绝非大多数人所想象的那样顺遂。但是，他一旦发现了生命中的微光，就从未想过放弃，也正是因为有着这样毅然决然的坚持，他才能在创作中成就自己。人生，是需要蛰伏的，因为不管我们多么有天赋，都不可能拥有取之不尽的好运气，更不可能获得随手拈来的好机会。在战争年代，一个优秀的狙击手往往会决定战争的结局，为了能够完成击毙敌人的重要任务，他们会在深山密林中纹丝不动地潜伏若干小时。虽然战场上总是危机四伏，但是他们却有十足定力，强大的心理素质使得他们极具耐心，所以才能找到最佳机会一招制敌。如果他们心浮气躁，不能长久地潜伏，在有了不那么好的机会时轻举妄动，那么非但不能完成任务，还有可能导致战斗的全局失败。

我们也是人生的狙击手，每时每刻都要做好准备迎接机会的到来。在那些寂寞的岁月中，不要总是抱怨，更不要轻易放弃。唯有潜心做好自己该做的事情，脚踏实地、一步一个脚印地努力向前，才能抵达最终的目的地。

命运总是公平的，每个人都有与众不同之处，有闪光和耀眼的地方。只是，有些人始终没有发现自己的特别，因而误以为自己是平庸的、不出奇的。我们一定要相信，哪怕我们只是万千生命中毫不起眼的一个,也是不可取代的。我们要时刻提醒自己:偌大的世界中仅有一个这样的自己而已。

难道我们要被动地等待机会到来吗?如果始终没有机会光顾我们的生命,我们就要这样一直等下去吗?当然不是。培根认为,充满智慧的人会主动地创造机会,只有那些愚蠢的人才会被动地等待机会。历史上赫赫有名的亚历山大大帝,正是因为积极主动地创造机会,才能建立属于自己的王国。古往今来,所有的成功者都有自己成功的独特原因,然而,他们也有共同点,那就是有胆识有气魄,对于自己认准了要干的事情,他们会放心大胆地去做,绝不因为过程的不可控和结果的不可预期就打起退堂鼓。

毋庸置疑,人人都想获得成功,人人都想拥有光彩照人的一生。然而,成功不是从天而降的,我们唯有努力争取,才能看到成功的蛛丝马迹,也才能在追求成功的道路上,随时准备着抓住各种机会,奔向成功。对那些渴望获得成功的人来说,最悲伤的莫过于眼睁睁地看着成功的机会从自己的眼前溜走。为了避免发生这样的遗憾,我们要带着容器去寻找水源,做好准备去迎接成功。

○ 韧性思维

时刻保持警惕

说起战争，很多人眼前马上浮现出战火纷飞、硝烟弥漫的场景。其实，真正经历过战争的人会知道，在战争中并非所有的时间都在与敌人厮杀。除了交战时刻，大多数人在大多数时间里都感到很无聊。在战争的局势越来越紧张的危急时刻，人们的内心才会充满恐惧。正是因为如此，才有句俗语这样描述战争——战争就是99%的时间里都很无聊，在只有1%的时间里却令人深感恐惧。

人生如战场，生活在和平年代，我们虽然没有亲历战争，却每时每刻都在没有硝烟的人生战场上奋力拼搏。面对人生，我们也要如同面对战争那样，始终心怀警惕和戒备。否则，一旦我们疏忽大意，就有可能被敌人偷袭，不仅损失惨重，丢掉阵地，还有可能丢掉性命。有个寓言故事很好地说明了这个道理。有一天，猎人带着猎狗去森林里打猎。才进入森林不久，猎狗就发现了一只野兔，因而如同离弦的箭一样冲向野兔,死死地追赶野兔。野兔意识到危险马上开始不顾一切地奔跑起来。后来,野兔气喘吁吁地回到洞穴里,心惊胆战地向其他野兔讲述起自己逃命的经过。其他野兔难以置信地问:"猎狗那么凶猛,你怎么可能从猎狗的追赶下逃生呢?"野兔说道:"这可不难理解,猎狗只是在为美餐一顿而奔跑,我要是跑得不快就连性命都丢了。所以,我们的动力不同。"

从野兔的话中我们不难想明白一个道理,即野兔和猎狗奔跑的意义是截然不同的,前者为了生存,后者为了美餐。在大森林里生活,作为弱势一方的野兔要想生存下来,就必须时刻保持警惕,这样才能在第一时间意识到危险的到来,嗅到危险的气息,也才能顺利地逃命。可见,野兔每时每刻都做好了面对生死存亡关头的准备。

在日常生活和工作中,为了更好地生存,我们也要保持警惕,保持戒备。虽然在寻常的日子里,在岁月静好的人生阶段中,我们会如同驾驶自动汽车那样开启自动巡航模式,但是在特殊情况发生或者意外情况降临的少数时刻中,我们则必须彻底依靠肾上腺素的作用,才能毫不迟疑地做出思考和选择。人生并非是由那些波澜不惊的大部分时刻决定的,而是由这些罕见的危急时刻决定的。战斗—逃跑的应急心理模式将会帮助我们度过这些危急时刻。在这样的时刻里,我们有可能表现卓越,因而得到晋升的机会;也有可能因为内心的胆怯自然流露而做出令人失望的举动,因而导致职业生涯一落千丈。在这样的时刻里,我们有可能获得更大的权力,也有可能失去已经掌握的权力。如果这样的时刻在我们的计划之内,那么我们可以以此为契机树立威信;反之,如果这样的时刻在我们的计划之外,令我们措手不及,那么,我们很有可能会损害自己的形象。举例而言,在面试的过程中,作为求职者的你遇到了一个不那么友善的面试官,对方向你提出了一个很难以回答且具有挑衅意味的问题,你觉得自己受到了冒犯,无法压抑自己内心的愤怒,但是你又很想得到这份工作。在这样的情形下,你会怎么做呢?对你而言,这就是危急时刻。面对着面试官,面对着无法回避的问题,你是选择勇敢地前进,还是选择胆怯地后退,这将会决定你能否得到这份工作,未来有怎样的前途。再如,在为了应对紧急情况召开的全员会议上,作为管理者和负责人的你面对着大家的指责,是选择战斗,还是选择静观其变,抑或者是选择推卸责任呢?作为普通职员的你突然被上司委以重任,这项任务非常艰巨，难度极大，最重要的是你很抗拒这项任务，那么你是选择直截了当地拒绝任务，还是选择勉为其难地接受任务呢？毫无疑问，临危受命的人一旦做出成就，就能证明自己的实力。与此相对应的是，在公司的危急关头选择全身而退的人，则很难再受到重用。面对诸如此类的两难选择，我们必须慎重地思考和权衡，才能做出更好的决策。

即使作为普通人，在人生的漫长道路上，我们也时常会遇到危急时刻。既然无法预知危机到底在什么时候发生，我们就要时刻以最好的状态准备迎接危机的到来。因为有一点是无须怀疑的，即危机必然出现。对准备充分的人而言，危机就是转机，也意味着各种机会；对从未准备的人而言，哪怕是面对寻常的小小特殊情况，也会头脑中一片空白，压根不知道应该作何反应。

○ 韧性思维

学会做出选择

对于人生，每个人都有自己不同的理解和定义。有人说，人生是一场未知的旅程，谁也不知道将会遇到怎样的人和事，会饱览怎样的风景；有人说，人生是一场冒险，需要决绝的勇气和义无反顾的决心，才能在那些进退两难的时刻中选择勇往直前；有人说，人生是无奈地煎熬和忍受，对于命运的所有安排，我们除了逆来顺受，别无他法。每个人的看法都代表着他们看待人生的角度，也表现出他们的人生态度，正所谓仁者见仁，智者见智。如果一定要从根本上定义人生，那么我们要说人生就是选择之旅，是由无数次选择串联而成的，人生最终的模样更是取决于我们每一次做出的选择。从这个意义上来说，我们要养成做选择的好习惯，不管是在寻常的日子里，还是在重要的时刻中，都要坚持做出属于自己的选择，无怨无悔地为自己的选择承担相应的责任。

新生命呱呱坠地，无法选择自己的父母，却在一天天长大中产生了选择的意识,也渐渐地具备了选择的权力。从襁褓时期只能躺在婴儿床上接受父母的照顾,到几个月之后有了情绪,对于一件事情会选择是哭还是笑,再到不断地成长,最终完全拥有了人生的选择权,开始在父母的指导和帮助下尝试做出选择,直到最后必须对自己的人生选择全权负责,这意味着孩子真正长大了。

面对人生中接踵而至的分岔路,我们要按照以下四个步骤慎重地选择,也要把握选择的机会,为自己的人生做主。

第一步,不管什么情况下,都要尽量保持平静的情绪,切勿冲动。正如人们常说的,冲动是魔鬼。人一旦陷入冲动的状态中就会失去理智,就会变得不管不顾,这样一来当然无法全面地思考和衡量问题,也会使自己陷入被动的局面之中,且因为做出错误的选择而导致事情变得更加糟糕。任何情况下,只有平静理性,我们才能掌控情绪,也掌控局面。

第二步,按下情绪的暂停键,给自己时间缓解因为外部事件引发的心理冲击。老司机都知道,在驾驶车辆通过路口的时候,一定要坚持"宁停三分不抢一秒"的原则,才能保证通行安全。其实,对待情绪也要如此。很多人在暴怒之下做出了冲动之举,却又在事情发生之后陷入无穷无尽的懊悔之中。然而，世界上并没有后悔药，很多事情一旦发生就会导致不可逆转的后果，因而越是在情绪激动的时候，我们越是要果断地按下情绪的暂停键。在这样的关键时刻，哪怕只能让情绪空白三分钟，我们的心态也会发生微妙的改变。当然，对自控能力更强的人而言，在意识到问题并不急于得到解决的情况下，还可以选择转移注意力，先暂时搁置问题，等到自己完全恢复冷静再思考如何更好地解决问题。只要坚持这么做，就能缓解外部事件带来的冲击，为自己争取更多的时间和空间，从而寻求明智的道路继续前进。

第三步，创造性地解决问题，为自己提供更多的可选项。选择题分为不同的类型，例如单向选择题只有唯一的选项，多项选择题可以有好几个选项。在面对很多情况时，如果现有的选项不能满足我们解决问题的需求，那么一定要跳出思维定式的束缚，认识到未必只能从现有的选项中选择问题，而是可以开拓思路，为自己提供更多可选项，最终达到自己的预期。很多人都会在不知不觉间被思维的框架束缚，我们要有突破和创新的意识，时刻牢记条条大路通罗马的道理。

第四步，积极地采取行动，承担属于自己的责任。真正的勇敢者不是无知，而是明知道事情有可能不会朝着自己预期的方向发展，却依然积极地采取行动，在出现不好的结果时，也能承担起属于自己的责任。正所谓明知山有虎，偏向虎山行。与此相反，人们常说初生牛犊不怕虎，其实无知的初生牛犊根本不具备勇敢的品质。

对所有人的人生而言，最高级的自由就是拥有选择的自由。我们之所以努力地生活，竭尽全力去拼搏，恰恰是为了在重要的人生时刻里能够遵从自己的内心，做出让自己感到满意的选择。当然，这是很难实现的目标，因为人生不如意十之八九。那么我们不妨退而求其次，在当时的情况下做最合理的选择就好。毕竟人生不是一锤定音的，一次选择是成功还是失败也许会产生短暂的影响，却不会决定人生的最终面貌。我们要时刻准备着，提升自己的选择力，才能畅享人生。

○ 韧性思维

唯有奋斗，才能应对危机

当危机突然袭来，事情就会以超出人们预期的速度飞快发展。在这种情况下，很多人都会被本能和冲动驱使，而忘记了必须保持冷静和理智。从心理学的角度来说，冲动和本能并非只会起到负面作用，这是因为冲动和本能会驱使人进入战斗—逃跑的应激模式，使人在危机状态中及时果断地做出决策。举例而言，一个人正在过马路，当来到马路中间时，发现有一辆飞速疾驰的汽车正朝着自己而来。在这种情况下，这个人显然没有时间去思考自己应该怎么做，更没有时间进行头脑风暴选择出最佳方案。在这种千钧一发的危急时刻，本能就会驱使人做出应对，在肾上腺素的作用下，人会以前所未有的速度飞奔而去，离开道路中间的危险地带，直到真正解除危险，人才会感到安全。这就是本能的积极作用。

在生活和工作中的很多关键时刻，直觉也发挥着重要的作用。在商业领域中，很多危机在发生之前都是有征兆的，而非在短时间内突然发生的。例如，在危机真正爆发之前的几小时、几天甚至是几个月的时间里，我们都能捕捉到危机即将到来的蛛丝马迹。即便如此，有些人依然手忙脚乱，不能保持冷静的状态做出应对。他们受到冲动的驱使，或者选择战斗模式，或者选择逃跑模式，也或者选择无动于衷地等待危机袭来。

不同的人面对危机的反应是不同的，有些人特别自私，缺乏责任心，第一时间就会把责任推卸给他人，认为正是他人的过错或者不作为，才导致了危机的发生。他们很不友好地指责他人，因此往往会与他人爆发争吵。有些人则很怯懦，胆小自卑，缺乏自信，一旦看到事情的发展不符合他们的预期，他们就会转移行动，把行动的重心调整为做报告进行分析。其实，他们只是以这种方式来掩饰自己的慌乱，使人认为他们的确采取了行动应对危机。现实却是，他们的举动对于度过危机没有任何帮助，他们只是表面看上去在积极地应对，从本质的角度来看他们无所作为。和这两种人不同的是，还有一种人选择按兵不动。他们为人处世都很低调，在遇到问题的时候很少会虚张声势。看上去，他们非常冷静，其实他们只是在静观其变，一则寄希望于随着时间的流逝，危机能自然而然地解除，二则是希望有人能够主动出头，应对危机，这样他们就可以坐收渔翁之利。

毫无疑问，这些反应都是很消极的。在面对危机时，我们要坚持减缓速度的原则，一则是因为这么做能够帮助我们暂时摆脱因为危机而引发的冲动情绪，二则是因为只有给予自己时间和空间，我们才能真正恢复理性，并弄明白现实的状态。很多人面对危机就像无头苍蝇一样四处乱撞，除了使情况变得更糟糕，起不到任何作用。当理智战胜了情感，当冷静战胜了冲动，就意味着我们拥有了良好的开始，继而才有可能圆满地应对危机。

面对令人无法应对的艰难时刻，提问是有效的办法，能够帮助我们赢得时间去冷静地思考。对于事件的当事人，既包括他人，也包括我们自己，都可以采取提问的方式。向他人提问是为了了解更全面的情况，向自己提问则是为了深入分析问题。在阐述问题的过程中，当事人能够借着回答问题的机会宣泄情绪，因而渐渐地恢复平静，这可谓一举两得。

需要注意的是，要以开放式问题提问，而不要限定回答的内容为"是"或者"否"。只有提供开放式问题，回答问题的人才会有更大的发挥空间，既从自己的视角描述事实，也表达自己真实的想法和感受。开放式问题形式多样，例如询问对方"事情的经过是怎样的""你怎么看待这件事情""你如何评价这件事情""这件事情还牵扯到哪些人，他们对于事情的看法如何"等。如果一时想不起开放式问题，那么就可以认真倾听对方的表达，这样就能鼓励对方说得更多，说得更加全面和深入。

当对方结束陈述时，我们要进行积极的回应。注意，不要随便评判对方的表述，而是可以以改述的方式回应对方。例如，用自己的语言总结对方的话，这会使对方觉得自己被认可、被接纳。这么做将会起到良好的效果，能够使事情发展的速度变得缓慢，能够让对方确信你已经听懂并且理解了他的话。在做好这两点之后，我们就可以与对方团结一致解决问题，也可以借此机会和对方缔结同盟。

2018年9月，一艘游轮横穿维多利亚湖，朝着乌卡拉岛驶去。正常情况下，这艘邮轮的载客量是100人，但是因为热闹的集市刚刚结束，所以游轮严重超载，载客量超过了200人。在游轮上，乘客们为了更好地观赏风景，不约而同地都移动到了船只的一侧。正是这时，悲剧发生了，游轮倾覆了。在这场悲剧中，至少200人丧命，生存者寥寥无几。

当船只发生倾覆时，惊慌失措的人们四处躲藏，很多人都藏身于甲板。然而，甲板下是最危险的地方。作为这艘邮轮的工程师，阿尔方赛·查哈拉尼在游轮倾覆的时候正在船舱里。他眼睁睁地看着水从各个地方涌入，四散逃命的人群把各个入口和通道都堵塞了。面对这样的情况，阿尔方赛并没有陷入极度的恐惧中，而是依然保持着理智和镇定。他没有随着人群逃难，而是带着几把钥匙把自己封闭在甲板下的一个密闭的小房间里。阿尔方赛·查哈拉尼在小房间里制造了一个可以通气的洞，一直坚持到两天之后获得救援。这个时候，那些惊慌的乘客早就已经殒命了。

同样是面对危急的情况，有些人完全失去了理智，有些人却可以保持冷静，想出更好的办法解决问题。哪怕是遇到特别危急的情况，慌乱也是无济于事的，只有不慌不忙地做出正确的选择，才能为自己赢得更多机会。

在人生中，每个人都要坚持奋斗，才能真正地掌控命运。越是在危难时刻越是要气定神闲，否则一旦失去理智，就会导致情况变得更糟糕，错失很多好机会。

● 韧性思维

舍弃与得到的转换

人们常说，有舍才有得。其实，舍弃和得到是可以相互转换的。有的时候，舍弃就是得到；有的时候，得到就是舍弃。面对人生中的各种际遇，面对不同情况下的得失，我们都要怀着坦然的心境，才能从容地面对。

有些人特别贪婪，在任何情况下都只想得到，以满足自己的欲望，而不愿意舍弃，生怕自己吃亏上当。古人云，吃亏是福，如果吃亏能够获得幸福，那么失去又何尝不是一种得到呢？即使对于同一个问题，不同的人也会采取不同的视角来看待，因而会产生不同的情绪和感受。正因为如此，人们才需要转变心态。有些人面对顺遂的人生却依然感到不满，不是抱怨就是指责，使自己的生活中充满了负能量；有些人哪怕遭遇命运的沉重打击和折磨，也能够微笑着积极面对，勇敢地想办法解决问题，让自己保持乐观的心态。

面对危机，更是应该端正态度。在危机发生的时刻，很多人都会惊慌恐惧，不知道自己应该做些什么事情。这样反而会耽误最佳时机，使问题变得越来越糟糕。正确的做法是，越是危难临头，越应该镇定。在职场上，普通职员要从容应对困境，管理者更是要把危机视为转机，在关键时刻挺身而出，这样才能发挥领导者的风范，成为所有下属的主心骨，带领下属们度过危机。

在危急时刻，一切事情都仿佛被按下了加速键，不管是成功还是失败，都会向着我们飞奔而来。面对危机，人人都会本能地回避，但是，一旦把这个机会让给他人，使他人凭着出类拔萃的表现出人头地，那么等到危机之后，我们固然侥幸生存了下来，却失去了广阔的发展空间。

虽然审时度势地明哲保身也是韧性思维的表现，但是这种韧性思维是很脆弱的，在危机到来时不堪一击。相比之下，真正的韧性思维是勇敢独立。即使面对困境，也能茁壮地成长，积极地掌控自己的命运。当我们坚持这么去做，心态就会变得越来越坚韧，不会因为一些小小的不顺就备受打击。人生从来不是温室，那些真正的人生强者更不是温室里的花朵。既然人生充满了风雨泥泞，我们就要努力地扎根，成长为参天大树。反之，如果我们总是动摇，那么日久天长就很容易被风雨袭倒。

那么，怎么做才能从容面对人生的得到和失去，在危机中学会以退为进，以舍弃的姿态赢得更多的转机呢？具体来说，我们要做到以下几个方面。

第一个方面，以平常心面对得失。很多人想当然地认为人生就是要得到，必须不断地做加法，才会拥有得越来越多。然而，这样的理想是不可能实现的。就像天气既有晴天也有阴雨，人生也是如此。面对人生的得到和失去，我们要坦然，要心平气和地接受。如果得到了就开心，失去了就抱怨，那么我们就会在哭哭笑笑的人生里起伏不定。既然我们能够接受得到，那么我们也要接受失去。不管是得到还是失去，都是人生的常态。

第二个方面，学会转化得到和失去。有的时候，我们自认为得到了，其实却失去了。例如在与同事的相处中，我们为了蝇头小利就与同事斤斤计较，最终虽然获得了小的利益，却失去了与同事之间的信任关系。这将会导致你们未来在工作中很难顺利合作，是更为严重的失去。所以一定要用长远的目光看待得到和失去，这样才能不计较一时的得失，而获得长久的利益。

第三个方面，有大决断，能够在危机到来时挺身而出，承担责任。人的本能就是趋利避害，很多人在面对困境时，第一时间就想要自保。这是人之常情，无可厚非。然而，如果在做人做事的过程中始终退后畏缩，那么日久天长，就会给他人留下糟糕的印象，使人生的道路越走越窄。承担责任虽然需要付出，难免会失去一些重要的东西，却能够树立我们的口碑。顺利解决了危机后，我们就能赢得他人的尊重和信任，这是最大的"得到"。

第四个方面，乐于分享。分享，能够让快乐加倍，能够让痛苦减半。很多人都特别自私，有了好事情只想独享快乐，在看到别人遇到危难的时候也不愿意伸出援手。这样看似保全了自己，实际上却失去了他人的帮助。古人云，得道多助，失道寡助。现代社会中，分工与合作越来越密切，如果不能做到乐于分享，那么只靠着自己的力量是很难做成大事的。俗话说，独木难成林，每个人都要以分享的方式与他人建立互助合作的关系，这样才能如同一滴水融入大海一样，融入团队之中，获得集体的力量。

总而言之，有舍才有得。一个人既不可能永远得到，也不可能永远失去。在人生的道路上，我们都是旅客，既然如此，何不相互搀扶着走好人生之路呢！

第六章

拥有使命感，
让人生充满意义

人人都要拥有使命感，才能支撑自己坚持去做那些重要而且艰难的事情。大多数人一旦遇到困难就会打起退堂鼓，或者在长久地努力却没有得到回报之后，感到自己的努力是毫无意义的。每当这时，使命感就会发挥作用，让我们继续鼓起信心和勇气，坚定不移做好自己该做的事情和想做的事情。

第六章　拥有使命感，让人生充满意义

使命感很重要

人在职场，日复一日地辛苦打拼，难免会产生倦怠感。因此，在职场上，最大的挑战在于始终保持激情和热情，始终充满使命感，也充满动力。最重要的是，还要敢于做出承诺，并努力践行承诺。在绝大多数公司里，企业文化都是积极向上的，管理者想方设法地调动员工的激情和热情，因为他们很清楚，员工唯有充满激情和热情，才能在工作上有好的表现。例如，不管是生产食品的家乐氏，还是生产饮料的可口可乐，不管是生产日化用品的宝洁，还是生产运动服饰的阿迪达斯，甚至连航空公司，都把激情作为公司的首要原则。显而易见，和冷漠相比，充满热情的工作氛围更能够激发员工的潜能，调动员工对于工作的积极性，使员工在工作岗位上有好的表现。

在顺遂的境遇中，韧性思维的力量并没有完全表现出来，因为顺境不需要我们发挥韧性思维去战胜各种困难和障

○ 韧性思维

碍。反之，在艰难的逆境中，那些真正具有韧性思维的人都表现出很强的责任感、使命感，不管现状如何，他们始终满怀激情和热情。正是因为如此，他们才能发挥潜能，拼尽全力与公司共渡难关。

激情如此重要，却不是天生的。在工作的过程中，很多人努力地保持激情，最终都失败了。如果把进入公司第一天的我们和进入公司十年的我们进行比较，有无激情的差异将会是非常明显的。进入第一天的我们神采奕奕，眼睛里有光；进入公司十年的我们已经变得稳重老成，与此同时也有些懈怠了。在市面上，有很多书籍都是关于培养激情的，其中不乏一些优质的书籍，的确能够在不同程度上调动起人们的工作热情。然而，激情只是暂时的存在，随着时间的流逝，再多的激情都会被消耗殆尽。既然如此，我们需要做的就是保持韧性思维。和激情的短暂时效相比，韧性思维则是每个人保持成长状态的持久动力。对所有人而言，在不出意外的情况下，职业生涯都将长达四五十年，要想在如此漫长的时间里始终保持工作的动力，当然很难。

毫无疑问，上司的激励和表扬，公司提供的完善晋升制度，都能帮助我们在短时间内保持上进心。然而，一旦我们

第六章 拥有使命感，让人生充满意义

对此形成依赖，就会失去对自己命运的掌控权，因为我们很有可能在得到奖励时热血沸腾，在长久没有得到奖励的状态下又沮丧失望。在职场上，虽然大部分管理人员都认为自己很擅长激励下属，却只有少部分普通职员认为自己从上司那里得到了力量。大多数情况下，我们只能完全靠自己，才能保持工作的状态。出于个人的原因，我们或许需要挣钱养家糊口，或许需要以工作的方式证明自己存在的价值和意义，或许想要得到更大的平台因而只能努力。然而，即便出于个人原因，产生的动力也很难持久。归根结底，持久的工作动力必须来源于使命感。

在日本，著名的艺术家葛饰北斋从未像大多数人那样，奢望在六十岁左右退休。他很喜欢进行艺术创作，他所创作的经典艺术形象被用来装饰杯子和海报等，也得到了很多人的喜爱。他最经典的艺术作品是这样的：海浪就像是用泡沫组成的蓝色爪子，很多船只都被海浪淹没了，就连远处背景里的富士山也被海浪淹没了。在创作这部作品的时候，葛饰北斋已经年逾古稀了。他从十几岁开始学习艺术创作，到年逾古稀已经学艺长达50年。然而，即便如

此，他也并不认为这是自己艺术创作生涯的巅峰。相反，他把这个时期视为自己的创作开始阶段。

对于自己的艺术生涯，葛饰北斋说："我认为，我在70岁之前的所有努力都是不值一提的。直到75岁，我才能学会基础的绘画方法，描摹大自然中的各种动物和植物；直到我80岁，我才能说自己有了真正的进步；直到我90岁，我才有资格探索生命的奥秘；直到我100岁，我才有可能成为伟大的艺术家；直到我110岁，我才会创造出富有生动性的艺术作品。"从中不难看出，葛饰北斋多么热爱绘画。他生前就准备好了自己的墓志铭——一个痴爱绘画的老人。

从葛饰北斋的人生经历中不难看出，他之所以能在绘画领域取得了不起的成绩，恰恰是因为他热爱绘画，也对绘画具有强烈的使命感。和葛饰北斋一样，摩西奶奶也很热爱绘画。但是，摩西奶奶的人生与葛饰北斋的人生是不同的。如果说葛饰北斋从很小就开始绘画，一生之中的大部分时间都在绘画，那么摩西奶奶是直到七十多岁才有机会学习绘画的。她凭着对绘画的热爱，把自己生活中很多常见的场景描画出来，她的作品总是给人带来内心的宁静。葛饰北斋是抽象画派，摩西奶奶则是写实画派。然而，他们对于绘画的热爱都是相同的，也正是因为把绘画作为自己人生的使命，他们才能在世界绘画史上留名。

对每个人来说，外在动机就像是加速跑步机，会使得我们在满足了自身的一部分欲望之后，当即产生更多的欲望。很多人在彩票中了大奖之后，原本以为自己能就此改变生活，逆转命运，却很快就在巨大的狂喜中把奖金挥霍一空，让未来的生活变得更加窘迫。这是因为单纯的金钱是没有灵魂的，只有具有使命感的人才能更好地支配金钱，驾驭金钱。要想真正感到满足，感到内心充实，我们就要具有使命感，发自内心地感到富足。在不停向前奔跑的过程中，我们要坚持盯着远方的目标；在追求自身成长的过程中，我们则要向内看，看到自己的内心，看到自己的未来。

◯ 韧性思维

工作的内驱力来源

即使是被称为学霸的孩子,也不愿意每时每刻都埋头于学习和作业;即使是被称为拼命三郎的成人,也不愿意每分每秒都全力以赴去工作。就像孩子会偷懒不想写作业一样,成人也经常会厌倦工作,只想什么也不做地待着,不再想与工作有关的任何烦心事。长年累月地工作,所有人都会产生倦怠感,也会身心疲惫,不想继续努力和拼搏。那么,为何还要继续工作呢?为了养家糊口,为了证明自己的能力,为了创造自身的价值,为了提升生活的质量,为了实现自己的梦想,为了拥有更美好的未来。总而言之,很多事情都可以被称为我们工作的理由。但是,不工作只有一个理由,那就是不想工作。

作为成人,当不想工作的时候,就会理解孩子为何不想学习。生命是如此短暂,人人都梦想着能把自己所有的时间和精力都用于享受生命。只可惜,人必须先求得生存,才有机会求得发展。如果连生存都成为不可能，那么发展更是遥不可及。为了激励自己始终怀着饱满的热情投入工作，为了鼓舞自己一直坚持工作，我们总是会以各种方式供给自己动力。遗憾的是，来自外部的动力总是短暂的，只能在或长或短的有效时间内发挥作用，而不能长久地驱动我们。为了使自己对待工作始终积极主动，我们就要寻找内驱力。正如古人所说的，授人以鱼不如授人以渔，当找到了内驱力的来源，我们就能源源不断地获得工作的动力。

那么，工作的内驱力来源到底在哪里呢？接下来，我们就一起了解一下工作内驱力的特点。

首先，内驱力是发自内在的，而非是外部条件刺激下产生的。人们常说，最幸运的事，就是以自己的兴趣为工作。现实的职场上，很多人不但没有从事自己喜欢的工作，而且真正的工作和大学所读的专业也不一定对口。很少有人能够真正做到爱我所选。对应届大学毕业生而言，如果不能在最短的时间内找到合适的工作，就连吃饭睡觉都成问题。为此，他们就抱着骑驴找马的心态先找一份工作糊口，再慢慢地找自己喜欢的工作。不得不说，这是很难的。对待一份工作，如果没有发自内心的喜爱或者是责任感，那么只凭着当一天和尚撞一天钟的敷衍，是无法把工作做好的。所以，要想长久地做一份工作，并做出成就，就必须真正喜欢这份工作，或者认识到这份工作的价值和意义。

其次，使命感。在抗日战争年代，伟大的革命战士们在极其艰苦的条件下，以落后的装备保家卫国，从不叫苦叫累，是因为他们知道这关系到子孙后代的长久幸福。很多人都看过电影《水门桥》。为了保住水门桥，保证大部队顺利过桥，志愿军战士以血肉之躯抵挡炮弹，以身体作为桥墩，从未退缩过。他们都是有着强烈使命感的人，把国家和民族的前途与命运扛在自己的肩上。

再次，自主权。在工作的过程中，尽管需要服从上司的命令和公司的安排，但是员工一定要有自主权。这是因为在具备自主权的情况下，员工才会发挥主动性，表现出创造性。如果工作就是按部就班地完成固定的任务，不允许进行任何改变，那么他们很快就会对工作失去兴趣，也就不愿意继续全力投入工作之中了。

最后，要建立良好的人际关系。人是群居动物，每个人都是社会的一员。在加入公司后，人也成了公司的一员。每个人每天都需要与同事打交道，与同事之间建立良好的人际关系，不但能为自己的工作提供助力，而且能够营造良好的工作氛围。举例而言，如果与同事之间水火不容，那么每天去上班都会提心吊胆，也会发自内心地抗拒和抵触；反之，如果与同事之间关系融洽，那么每天都会盼望着去上班，自然，工作也成了快乐的事情。

在职场上，我们可以从这四个方面来判断自己是否拥有工作的内部驱动力。如果发现现实的情况和理想的状况不符，那么就要创造条件，让自己每天都高高兴兴地工作。我们既可以重新理解和定义工作，也可以选择合适的方式开展工作，还可以转变自己对待工作的态度，全身心投入工作。只有提高对工作的参与度，才能保持韧性思维，在工作上有更加强劲持久的良好表现。

○ 韧性思维

对职业形成使命感

对待工作或者事业，我们要形成使命感。只有使命感，才能让我们在感到倦怠和疲惫的时候坚持下去，把平凡的工作做得不平凡。如果没有使命感，那么每当对工作感到厌倦时，疲惫感就会如同潮水般袭来，让我们彻底失去动力。

曾经，有一个记者采访了三个在工地上砌砖的农民工。记者问道："你们在做什么呢？"第一个农民工无精打采地回答："除了砌砖，还能做什么？这个活简直要把人累死，但是谁让我没本事呢，只能做这个。"第二个农民工带着麻木的神情回答："我在养家糊口啊。每砌一块砖，我就能多挣一点钱，给家里的老老小小吃吃喝喝。人啊，为什么要活着呢，活着就要吃吃喝喝，就要不停地劳作。"第三个农民工笑着回答："我在建造高楼大厦。这个城市将会因为拔地而起的高楼大厦变得越来越美好，所以我也在为这个城市添

第六章　拥有使命感，让人生充满意义

砖加瓦。"

对于记者的同一个问题，三个农民工给出了三个不同的回答。几年之后，记者对三个农民工进行了跟踪调查，发现第一个农民工早就回到家乡种地了，第二个农民工因为体力不支，去了餐馆刷盘子。只有第三个农民工改变了命运，他利用工作之余的时间自修了专科和本科，现在已经成为一名真正的工程师了。

对待工作是否有使命感，会给人的命运带来不同的影响。作为职场人士，面对自己的工作，我们也要产生使命感，认识到自身存在的价值和意义，也认识到自己的工作将会给社会做出怎样的贡献。

使命感具有极其强大的力量，在某些情况下，使命感能够点燃人们心中生存下去的强烈希望，也能够让人度过至暗艰难的时刻。在"二战"时期，心理学家和神学家维克多·弗兰克和其他人一起被关进了集中营。集中营里的条件极其恶劣，堪称人间地狱。和弗兰克一起进入集中营的人里，很多人都因为不堪忍受非人的折磨和恶劣的生存环境而死去了，但是弗兰克却活了下来。正是在集中营里生存的这

○ 韧性思维

段经历，让他有了新的发现。在集中营里，每天都有人死去，很多人对于死亡已经麻木了，对于自己的生命也采取放任自流的态度。因为彻底放弃的态度，那些人很快就失去了希望和精神的寄托，渐渐走向死亡。相比之下，有些人则具有强烈的使命感，也坚持认为自己的存在是有意义的，所以他们始终在与命运抗争，争取活下去。尽管身陷炼狱，他们却从未放弃过希望。他们想尽办法与厄运抗争，竭尽全力保护自己。弗兰克目睹无数人死去，也目睹很多人拼尽全力活着，因而领悟到一个道理：不管在什么情况下，人都拥有选择态度的自由，也就能够决定自己的未来走向怎样的道路。选择态度，是人最后的自由，是任何人都无法剥夺的自由。

领悟了这个道理之后，弗兰克不再只关注外界的恶劣环境和条件，而是更加关注自己的内心。虽然身体被囚禁，但是他的心灵始终是自由的。面对厄运，他不会自怨自怜，更不会自暴自弃。他心平气和地接受一切，相信这一切终将有结束的那一天。正是怀着这样的理想和信念，弗兰克才能活下来。

同样是面对工作，认为这份工作只是工作，还是把这份工作当成是自己的职业，抑或把这份工作当成是自己的使命，决定了不同的人拥有不同的职业发展前景。曾经有心理学家对此进行了专项调查，发现那些在工作中拥有更高职位的员工，具有更强烈的使命感。相比之下，那些职位较低的普通员工，则使命感也比较低。总之，强烈的使命感是一个人工作内驱力的来源，具有使命感的人才会全身心投入于工作，争取在工作上做出更好的表现。

事实证明，不管看上去多么光鲜亮丽的工作都有令人感到枯燥乏味或者难以忍受的时候，在这种情况下，只有使命感才能支持人们全身心投入于工作之中。我们也许没有足够的好运气做自己喜欢的事情，但是我们却可以改变对待工作的态度，爱我所选。当我们真心接纳一份工作，渐渐地就会在工作的过程中感受到美好与充实，收获更多的快乐和满足。

○ 韧性思维

深入钻研才能精通

不管做什么事情，都要有钉子精神。所谓钉子精神，就是深入钻研，对问题了解得更加透彻，对技术掌握得更加精通。那些具备韧性思维的人都具有钉子精神，也相应地提升了自己的能力。当然，在发扬钉子精神之前，我们首先要进行判断。有些人明知道自己在某些方面没有天赋，即使努力了也未必能够收获好的结果，却依然一条道走到黑，把所有的时间和精力都浪费在毫无意义的努力上。这显然是把钉子精神用错了地方。对于那些无法实现的事情，我们要学会及时放手。认定一件事情会有结果时，我们再持续地努力，不得到最终的结果决不放弃。举例而言，一个人如果根本不懂得航海知识，也没有航海经验，那么即使有顽强的毅力和不屈不挠的决心，也不可能像哥伦布那样环游世界，更不可能发现新大陆。这是因为海面上的情况变幻莫测，一个对海洋丝毫不了解的人很有可能在风暴中葬身海底。由此可见，发扬钉子精神还要找准方向，只有坚持正确的方向，才能获得想要的结果。

当某个人真正精通某个领域，或者对某件事情的掌握到达了出神入化的程度，那么他就能够化繁为简，以最直接、简单和明了的方式解决问题。当然，一个人不可能生来就具备某种高超的能力，在后天成长的过程中，我们必须不辞辛苦地坚持练习，才能一点一滴地提升自己的技艺水平。在刚刚开始学习一门技艺时，大多数人都会遇到困难，在练习的过程中也会产生倦怠心理。然而，台上一分钟，台下十年功。每个人都必须坚持练习，才能日渐精通，也才能真正建立起韧性思维，突破发展的瓶颈，获得更大的成就。要想消除长期练习带来的倦怠感，就要认识到这段人生之旅是有意义的，能够为未来奠定坚实的基础，能够把我们带入更高的境界。由此一来，我们就如同开辟了一条道路，只要坚持走完这条道路，就能实现技艺的精通。

颜真卿是唐朝大名鼎鼎的书法家。他三岁时丧父，跟随母亲回到外祖父家里生活。外祖父是书画家，小小年纪的颜真卿受到外祖父的影响，对书法产生了浓厚的兴趣。他很认

韧性思维

真,练习书法从不马虎偷懒。看到小小年纪的颜真卿就对书法如此痴迷,母亲既高兴又担忧。高兴的是颜真卿有这样的钻研精神,将来一定会有所成就;伤心的是颜真卿这么热衷于练习书法,购买笔墨纸张就是一笔很大的开销,家里未必能够负担得起。

颜真卿非常懂事,看到母亲日日忧愁,就和了一碗黄泥浆,用刷子蘸着在墙壁上写字。等到一面墙写满了字,颜真卿就用清水把墙壁洗刷干净,这样就又可以继续练字了。

不管做什么事情,都离不开钻研的精神。即使再简单的事情,也是有门道的,必须研究透彻门道,才能引导事情朝着好的方向发展。前文,我们讲述了日本艺术创作家葛饰北斋的人生经历,从他的身上也可以看出精通的力量。

人们常说,兴趣是最好的老师。这是因为以兴趣为前提,我们才会坚持做某件事情,才能持之以恒地把某件事情做好。对大多数人而言,必须在自己擅长的领域里,才能发挥自己的潜能,做出成就。毫无疑问,我们需要花费大量的时间和精力,才能精通某件事情。心理学家马尔科姆·格拉德威尔提出了一万小时定律,意思是说,每个人都必须付出一万小时来刻苦练习，在此期间不断地挑战和超越自己，以适合自己的方式坚持学习和钻研，才能真正做到精通。事实证明，一个人只要坚持在固定的领域中反复练习和提升，就能取得相应的成就。

如果说技艺领域的精通是靠着不懈练习得到的，那么在管理领域，精通的难度则是更大的。管理者的工作对象是人，人的心思是很活泛的，人的情绪也经常处于动荡之中，因而管理者必须深思熟虑才能优化管理工作的结构，也才能揣摩透彻人的心思。

要想形成韧性思维，就要把精通之路视为一段旅程。一个人如果想要环游世界，那么至少要学会傍身之技，要积累更多的生活经验，才能实现冒险之旅。不要认为学习是辛苦的，当我们求知若渴，就会意识到学习是快乐的过程。为了激励自己始终对学习满怀热情，我们还要设定不同学习阶段的目标，从而激励自己坚持努力。

参考文献

[1]欧文.韧性思维[M].北京：人民邮电出版社，2021.

[2]张晓萌.韧性[M].北京：中信出版社，2022.

[3]高太爷.意志力红利[M].北京：人民邮电出版社，2021.

[4]鲍迈斯特.意志力[M].北京：中信出版社，2018.